上海市洪涝风险

与治理对策探究

贾卫红 / 著

河海大学出版社
HOHAI UNIVERSITY PRESS
·南京·

图书在版编目(CIP)数据

上海市洪涝风险与治理对策探究 / 贾卫红著.
南京：河海大学出版社，2024.7. -- ISBN 978-7-5630-
9248-2

Ⅰ．P426.616

中国国家版本馆 CIP 数据核字第 2024CT6765 号

书　　名	**上海市洪涝风险与治理对策探究**	
书　　号	ISBN 978-7-5630-9248-2	
责任编辑	金　怡	
特约校对	张美勤	
封面设计	张育智　吴晨迪	
出版发行	河海大学出版社	
地　　址	南京市西康路 1 号(邮编:210098)	
电　　话	(025)83737852(总编室)	
	(025)83722833(营销部)	
经　　销	江苏省新华发行集团有限公司	
排　　版	南京布克文化发展有限公司	
印　　刷	广东虎彩云印刷有限公司	
开　　本	718 毫米×1000 毫米　1/16	
印　　张	12.75	
字　　数	231 千字	
版　　次	2024 年 7 月第 1 版	
印　　次	2024 年 7 月第 1 次印刷	
定　　价	89.00 元	

作者简介

    贾卫红　男，1968 年出生于江苏省张家港市，1991 年毕业于河海大学农田水利工程专业。现任上海市水务规划设计研究院水利规划设计所所长，教授级高工（专技三级）。长期从事水利规划和研究工作，负责编制了上海市防洪、除涝、水资源调度、海塘、水务科技发展等各类重要规划，完成了排水与除涝标准研究、警戒水位研究、水务规划与研究顶层设计等基础性、前瞻性重要研究报告，参与起草了全国第一部地方治涝标准，成功研制了上海市第一个长历时暴雨公式，参与了"十三五"国家重点图书出版规划项目"城市安全风险管理丛书"之一《城市水安全风险防控》的编撰工作。主要研究成果有《区域除涝与城镇排水标准模式和综合调度研究》、《上海市除涝标准专题研究》（此报告在《上海工程咨询》2021 年 9 月第 3 期全文刊出）、《治涝标准》（DB31/T 1121-2018）、《风暴潮洪影响下的排水内涝防治标准体系研究》、《"十四五"期间上海水务发展的目标思路和重点举措研究》、《上海市区域除涝能力调查评估研究》，等等。在水利与排水、水文与气象（暴雨）、洪灾与涝灾等方面研究中，提出了区域除涝标准与城镇排水标准相融关系研究的新方法，提出了基于暴雨衰减规律的长历时暴雨公式编制方法，创新性地研制了暴雨重现期推算公式。还指导开发了两个应用软件（取得两项软件著作权），解决了暴雨强度公式参数求解便利化问题和暴雨频率计算适线方法的优选问题。近年来获 3 项上海市科学技术奖、20 多项上海市优秀咨询成果奖。

目　录

第1章

绪论

　　洪涝灾害是全球面临的重大自然灾害之一,给人类社会和生态环境造成了巨大的破坏。我国是世界上水情最为复杂、江河治理难度最大、治水任务最繁重的国家之一。随着全球气候变化带来的不确定性增加,极端暴雨频发,城市的洪涝风险也在逐年提升。上海市作为中国最大的经济中心,也面临洪涝风险的严峻挑战,洪涝灾害不仅给城市基础设施、经济发展和人民生活带来严重影响,而且对城市的可持续发展构成威胁。因此,对上海市的洪涝风险进行全面分析和系统研究,并提出相应的治理对策及建议至关重要。

　　兴水利、除水害,古今中外都是治国安邦的大事,关乎民族生存、文明进步、国家强盛。当前,我国发展正面临深刻而复杂的变化,我们必须立足党和国家事业发展大局,正确认识和准确把握新时代治水思路的要求,完整准确全面贯彻"创新、协调、绿色、开放、共享"的新发展理念,以及"节水优先、空间均衡、系统治理、两手发力"的治水思路,以创新为第一动力,推动水利高质量发展;以协调为内生特点,推动水灾害的系统治理和安全水平的整体提升;以绿色为普遍形态,推动绿色、低碳、生态的可持续发展;以开放为必由之路,推动政府、市场、民众的多方参与;以共享为根本目的,让水利发展成果更多惠及全体人民,不断增强人民群众获得感、幸福感、安全感;为实现人与自然和谐共生的现代化,以及中华民族伟大复兴、永续发展提供最坚实的水利基础保障。

　　上海是具有典型平原感潮河网特点的滨海超大城市,易受台风、暴雨、高潮、洪水的影响,洪涝灾害时有发生,而且本市洪涝灾害特点不同于山丘区,不同于浙闽沿海地区,也不同于苏北里下河地区,兼有平原地区和沿海地区的双重不利特征。与伦敦、巴黎、纽约、东京等世界发达城市相比,由于气候条件、水文条件、地形条件不同,洪涝灾害的特点和影响有很大差异,也十分复杂。上海境域大部分土地是长江泥沙沉积而成,与沧海桑田的海陆变迁相伴随的,是水系演变的历史,是人类利用水资源,并与洪涝灾害斗争的历史。其中,人类改造自然、兴利除害变化最大的当属 1949 年中华人民共和国成立以后,特别是 1977—1990 年,上海开展了有史以来规模最大的水利工程建设,开挖了 35 条骨干河道,为城市化发展奠定了良好的水利基础。1990 年,党中央、国务院作出了开发开放上海浦东的重大决策,上海的城市化进展加速,泵站强排增加,河道水面减少,洪涝灾害的形势也发生了重大变化。然而,至今还没有一本全面分析和系统研究上海的洪涝风险特点和变化的书籍,以辅助学习及指导上海洪涝风险治理与管理。

上海市水务规划设计研究院的前身是上海市水利局规划室、上海市农田基本建设指挥部规划组。40 多年来,参与了 1977 年大搞农田水利基本建设,又编制了多轮防洪除涝规划,开展了洪涝标准研究、警戒水位研究、除涝能力评估等多项重大课题研究,取得了丰硕的成果,一些成果还得到水利部专家的充分肯定和省市级奖励;2018 年起草制定了上海市地方标准《治涝标准》(DB31/T 1121—2018),亲历了多次洪涝灾害,2020—2022 年又深入参与全国第一次自然灾害调查与评估,掌握洪涝灾害的第一手资料,对上海的洪涝灾害有了更加全面、深刻和系统的理解。因此,其有条件编著并出版相关书籍,为上海水务事业作出更多贡献,特别是为广大水务相关从业人员和水利专业学生提供完整可靠的防洪除涝历史经验、技术方法、研究成果和对策建议。同时,为增强公众对洪涝灾害的认识和防范意识,增强社会的公共安全和水生态环境保护意识,加快打造人与自然和谐共生的现代化国际大都市,建设"美丽上海",其尽力做好水利专业知识的宣传与普及工作。

上海的洪涝情势十分复杂,洪潮涝相互交织,自然与人为因素相互影响。要治理好上海的洪涝灾害,必须全面认清形势,准确把握规律,抓住关键因素,精准实施对策。本书围绕这个思路展开论述,其最大的特色和亮点就是对洪涝灾害研究的全面性、系统性、科学性。本书从自然地理到气象水文,从规划管理到运行调度,从历史灾害到现实问题,从定性分析到定量评估,从研究方法到具体成果,从洪涝关系到对策措施,包含了洪涝风险与治理相关的方方面面内容,特别是深入透彻地阐明了其中的基本规律、关键因子、变化趋势,以及相互关系、对策建议,既有专业的深度,又有知识的广度,可以为本市洪涝风险与治理提供重要技术支持。

(1)本书着重研究了与洪涝灾害治理最密切相关的暴雨变化规律、水文变化规律及历史洪涝灾害规律这三个规律,阐明了这些规律与上海所处的地理位置、气候条件、海陆变迁、地形地势之间的关系。上海暴雨特征、时空分布、暴雨变化等规律,上海水流特征、沿程分布、水位变化等规律,及上海洪涝灾害的区域特征、天气类型、洪涝变化等规律,研制了上海市长历时暴雨公式和暴雨重现期公式,为读者认识上海洪、涝、潮关系,构建了完整的概念框架,为治理上海洪、涝、潮风险,提供了专业的技术方法、计算工具和主要成果。

(2) 本书着重阐述了上海城市发展需求与防洪除涝规划的基本情况,水系演变的过程与目前形成的总体格局,以及防洪除涝设施的现状与管理运行情况;深入调查分析了运行管理和设备使用中发现的问题,为读者描绘了上海市防洪除涝的规划与现状、建设与管理的全景画面,也为计算、分析、研究和解决问题提供了翔实的基础资料和基本思路。

(3) 本书着重分析了上海市洪涝风险的影响因子,应用综合风险度计算法评估了不同区域的洪潮风险;应用河网水动力模型技术计算分析了各水利片的除涝能力,以及其薄弱区域和薄弱环节,为读者总体把握上海洪涝灾害的重点区域和关键要素指明了方向。

(4) 本书着重剖析了防洪、除涝、雨水排水的概念内涵与相关计算方法,以及流域防洪与区域防洪标准、区域除涝与雨水排水标准的关系,揭示了防洪、除涝、雨水排水之间的内在关系和相互影响,以及上海洪涝灾害治理的根本特征,为正确处理河道水网、雨水管网、海绵城市的关系,以及系统治理洪、涝灾害奠定基础。

(5) 本书全面总结洪涝灾害的突出风险和重大问题,从打造人水和谐的现代化国际大都市的高度,提出三个方面宏观对策措施建议:一是针对上海洪涝最大风险来自风暴潮三碰头、四碰头的现实情况,提出健全外挡内控、洪涝兼顾的骨干工程体系中,要突出黄浦江河口水闸建设对除涝的重要作用,减少洪涝叠加产生的灾害损失和影响;二是针对上海洪涝局部风险与整体风险的矛盾,提出健全流域、区域、圩区协同的调控体系中,要突出加强流域与区域的协同控制,加强水利片之间的协作调度,遏制黄浦江上游水位持续创新高的势头,保障长三角一体化示范区的洪涝安全;三是针对上海城市建设用地紧张,河湖调蓄不足的矛盾,提出健全生态、绿色、智慧的多功能水网体系中,要突出林水结合、水绿融合,增强滨水空间的功能复合效应,提升上海市应对不同时空分布暴雨的抗风险能力。

本书编著过程中得到同济大学刘曙光教授,以及上海市水务局徐贵泉、顾圣华、胡泽浦先生等多位资深专业人士的指导和帮助,在此深表感谢!

本书的基础资料主要来源于水利志、年鉴等公开出版物,研究资料主要来源于上海市水务规划设计研究院牵头编制的《上海市区域除涝能力调查评估专项报告》《区域除涝与城镇排水标准模式和综合调度研究》《上海市治涝标准专题研究》《上海市水旱灾害风险普查总报告》等相关研究报告。在此,对上海市水务规划设计研究院徐贵泉、张建频、李学峰、孙晓峰、谭琼、钱真、高程程、丁国川、陈长太、施晓文、张继东、谭箐、郭佟欢、林发永、闫莉,上海市水文总站金云、何金林、毛兴华、李琪、俞汇、易文林,上海市气候中心徐卫忠、贺芳芳、史军,河海大学李琼芳、虞美秀、严晓菊,上海市水利管理事务中心李晓云、羊丹、李瑜、曾婉仪,上海市堤防泵闸建设运行中心兰士刚、王建生、李志等专业人士的重要贡献深表感谢!

第 2 章
上海市自然地理与气象水文特征

2.1　上海市自然地理概况

2.1.1　地理位置

上海市简称沪,全市总面积为 6 340.5 km²,南北长约 120 km,东西宽约 100 km。

上海居中国"黄金水道"和"黄金海岸"的交汇处,滨江临海、通江达海,地理位置独特、优越。上海是长江经济带的桥头堡,是服务"一带一路"建设的重要枢纽,是我国海陆双向开放的重要节点,在我国经济、金融、贸易、航运等方面居龙头地位。

上海地处长江三角洲前缘,太湖流域碟形洼地东缘,位于北亚热带季风气候区,是具有典型平原感潮河网特点的江南水乡。上海市的地理位置决定了本市易受台风、暴雨、高潮、洪水的影响,洪涝灾害时有发生。长江口是长江流域来水和东海潮汐共同作用的区域,黄浦江是太湖流域洪涝水下泄的重要通道,本市的洪涝灾害比较特殊,洪灾特点不同于山丘区,潮灾特点不同于浙闽沿海地区,涝灾特点不同于苏北里下河地区,兼有平原地区和沿海地区双重不利的特征。

2.1.2　海陆变迁

上海境域 62% 以上的土地面积是由近 2 000 多年来长江泥沙沉积而成,在江海及水沙的相互作用下,历经沧桑巨变,自西向东延伸发展。太仓—外冈—徐泾—马桥—漕泾一线约成陆于 6 400 多年前。娄塘—嘉定城中—南翔—莘庄—柘林一线约成陆于 5 000 多年前。这两条线之间称为冈身,它是上海陆地自西向东继续冲积成陆的起点。长江南岸沙嘴和冈身形成以后,将太湖洼地和大海隔开,由于冈身渐渐抬高,海潮被阻,古太湖东部滨海潟湖日渐淤浅,加上先民围圩排水,大部分区域逐渐摆脱海水的直接影响,蓄淤成陆地,形成了今太湖以东、冈身以西的大片湖沼平原。

冈身以东陆地前期淤积成形缓慢,至隋唐以后,由于黄河流域人口大量南迁,长江流域山地开发日盛,刀耕火种的生产方式加剧了水土流失,使长江下泄泥沙猛增,为陆地生成提供了充裕的泥沙来源。随着时间的推移,在自然条件和人类活动的相互作用下,冈身以东成陆迅速。南起南汇的航头、下沙、周浦,经川沙的北蔡、宝山的江湾、月浦至盛桥一线,为8世纪时的海岸线。11世纪至13世纪,海岸线已位于原老宝山城和川沙、南汇县城,然后逐渐向西南转折至大团、奉城、柘林、金山卫一线。16世纪后期,长江主泓从北支入海,大量泥沙堆积在三角洲北部,三角洲南部很少堆积,遂引起长江口南岸向内坍进,1694年老宝山城尽坍江中,1732年宋黄窑镇(宋以来大镇)亦全坍江中,使前代从海里涨出的陆地重归海域。18世纪中叶,长江主泓又走南支入海,大量泥沙堆积在三角洲南部,促使长江口南岸滩涂复又显著外涨成陆,且越往南淤涨越快,到南汇嘴一带淤涨最快,滩面宽达15 km,呈北窄南宽形状。1733年原建的外捍海塘重修加固,易名钦公塘,北起川沙南跄口,南经川沙的合庆、蔡路、江镇、施湾,南汇的黄路,至奉贤四团附近接里护塘,此一线为当时的海岸线。1949年中华人民共和国成立后,对始建于1906年的李公塘(包括后筑的袁公塘、预备塘、新圩塘、王公塘、陈公塘、彭公塘、李公塘)进行整修加固,改称人民塘。人民塘勾勒出中华人民共和国成立初期上海陆地岸线基本形状。

在长江口海岸不断向东伸展的同时,杭州湾"外宽内窄"漏斗状河口加速形成,潮水向西推进时潮波结构的变形加剧,杭州湾北岸受到潮流顶冲侵蚀,金山岸段自东晋以后开始往后退缩,王盘山首先沦入海中,至唐初,内坍近10 km,至唐末五代,岸线已逼近金山脚下。南宋初,杭州湾北岸、金山一线以东内坍,至淳熙后期,大小金山先后沦为海中孤岛。此后,岸线继续后退,直至清代前期修建大石塘以后,才趋于稳定,前后共坍进20 km。金山岸段东西两端15世纪中叶及18世纪初以后先后反坍为涨,构成现代金山岸线。

崇明、长兴、横沙三岛均系河口冲积岛屿,长江来水所夹带的泥沙在长江口门由于流速降低、海潮上溯顶托、咸淡水交融、泥沙悬粒絮凝等因素发生沉积,逐渐发育形成了这三个岛屿。崇明岛最早出露于唐武德年间(618—626

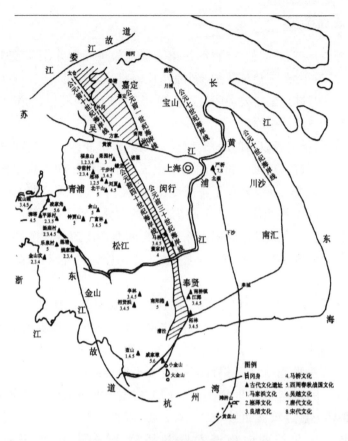

图 2.1-1　上海市海岸线变迁示意图

年），当时仅是江中的两个小沙洲，名东沙、西沙，面积十几 km²。五代时曾在西沙设立崇明镇，崇明之名始于此。在其后的一千多年时间里，又先后有姚刘沙、崇明沙、平洋沙、长沙等沙洲露出水面。但由于长江主泓南北摆荡，诸沙洲此涨彼坍，东沙、西沙、姚刘沙、崇明沙都先后坍没江中，因此县城五迁六建。崇明岛在经历由西向东的多次变迁后，于 17 世纪中叶初步形成现代的基本轮廓。18 世纪中叶以来，崇明岛南岸冲刷严重，城桥镇一带岸段平均后退 7 km 之多，经 1894 年加固堤防才遏止坍势。而北岸和西岸以沙洲并岛的形式扩展，东岸则以边滩淤涨的形式不断扩展，1955 年以后多次大围垦，诸沙洲并入崇明岛。长兴岛与横沙岛成陆较晚，20 世纪 60 年代至 70 年代初经人工堵围，将石头沙、瑞丰沙、潘家沙、鸭窝沙、金带沙、圆圆沙 6 个沙体连成一体，形成今日长兴岛；在 1869—1958 年近百年中，整个横沙向西北迁移了 10 km，后经圈围发展成为现在的横沙岛。

2.1.3　地貌类型

根据地貌形态、成因的一致性,按第一级地貌单元划分,上海地区可分为湖沼平原、滨海平原、三角洲平原、剥蚀残丘、潮坪和三角洲前缘、前三角洲七大地貌单元。成陆地区主要为冈身以西的湖沼平原、冈身以东的滨海平原,以及崇明三岛的三角洲平原。

湖沼平原,指冈身以西的湖沼地区,属太湖碟形洼地的东延部分,沉积物主要由黄褐色、灰色、灰黑色粉砂质黏土组成。根据沉积和地貌差异,可进一步划分为:(1)湖滨平原,分布于青浦淀山湖、元荡、大葑漾等湖泊的周围,面积为 132 km²;(2)湖沼洼地,位于湖滨平原的东侧,面积 660 km²,境内湖荡密布、沟渠交错,由于太湖尾闾的古东江曾自西北向南流经该区域,形成了一个明显的长形低地;(3)海积湖积平原,位于湖沼洼地的外缘,呈弧形分布,总面积 972 km²。

滨海平原,分布于冈身以东的广大地区,主要由长江挟带入海的巨量泥沙,经波、潮、径流作用沉积而成,沉积物主要由粉砂、粉砂质黏土组成。区内有贝壳沙堤十余条,走向与海岸线基本一致,自西北向东南呈线状伸展,弧形撒开。根据贝壳沙堤沉积特征和滨海平原成陆先后,滨海平原又可分为古、老、早、中、新等五种地貌类型。(1)古滨海平原,大致相当于冈身分布地区,西界为嘉定黄渡镇沙带、沙冈一线,东界为石冈、竹冈一线,东西宽约 2~4 km,从北偏西向南至奉贤胡桥后,转向南偏西,总面积约为 440 km²。(2)老滨海平原,位于古滨海平原以东,东西宽约 20 km,总面积 1 376 km²。该区东界也为一条沙带,自宝山的盛桥—月浦一带,向南到南汇的周浦—下沙—航头一线。(3)早滨海平原,分布在老滨海平原的东面,其东界为川沙老城厢、顾路,南汇祝桥,奉贤四团、奉城一线,东西宽 15 km,总面积 800 km²。(4)中滨海平原,分布在早滨海平原东侧、南侧,以川沙白龙港,南汇老港、果园,奉贤农场一线为界,向东南呈弧形突出,总面积 484 km²。(5)新滨海平原,位于中滨海平原外沿,系近百年来新形成的滨海平原,面积 200 km²。

三角洲平原,指三角洲沉积体系的陆上部分,具有完整的三角洲沉积的垂向层序,其表层为洪水和特大潮水的堆积物。表层主要由黄褐色黏土质粉砂组成,以水平层理为主,含植物碎屑较多,并有生物扰动痕迹。三角洲平原包括崇明、长兴、横沙等河口沙岛,面积分别为 1 260 km²、92 km²(不含青草沙水源地 67 km²)、51 km²(不含最新圈围的横沙新洲 106 km²)。

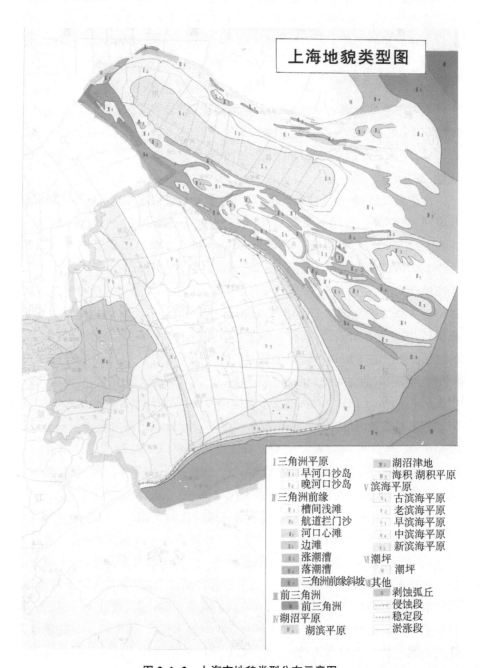

上海地貌类型图

I三角洲平原	Ⅳ₂	湖沼津地
I₁ 早河口沙岛		海积 湖积平原
I₂ 晚河口沙岛	V滨海平原	
Ⅱ三角洲前缘	V₁	古滨海平原
Ⅱ₁ 槽间浅滩	V₂	老滨海平原
Ⅱ₂ 航道拦门沙	V₃	早滨海平原
Ⅱ₃ 河口心滩	V₄	中滨海平原
Ⅱ₄ 边滩	V₅	新滨海平原
Ⅱ₅ 涨潮漕	Ⅵ潮坪	
Ⅱ₆ 落潮漕	Ⅵ	潮坪
Ⅱ₇ 三角洲前缘斜坡	其他	
Ⅲ前三角洲	Ⅶ	剥蚀弧丘
Ⅲ₁ 前三角洲		侵蚀段
Ⅳ湖沼平原		稳定段
Ⅳ₁ 湖滨平原		淤涨段

图 2.1-2　上海市地貌类型分布示意图

不同的地貌类型有不同的工程地质条件,防洪除涝工程建设中,河道护岸、海塘堤防、水闸泵站的工程布置、结构选择、流速控制等,都需要根据不同的工程地质和区位条件而有所变化,以免工程建成后出现失稳、坍塌等问题,影响工程效益的发挥。

2.1.4 地形地势

上海市平均地面高程约 4.0 m(上海吴淞高程,下同),4.0 m 以上面积占比约 50%,3.5～4.0 m 面积占比约 29.3%,3.0～3.5 m 面积占比 16%,其余 4.7%均在 3.0 以下。高程低于 3.2 m 称为低洼地,3.2～3.5 m 称为半低洼地。

水往低处流,地势低洼的区域,暴雨后极易形成积水或涝灾。本市地势低洼区域主要有三个:(1) 西部地区,是全市地势最低地区,平均地面高程在 2.2～2.5 m,泖湖、石湖荡一带不到 2.0 m,属于太湖流域碟形洼地的底部。低于 3.2 m 的低洼地有 103 万亩[①],约占耕地面积的五分之一,主要分布在青浦和松江大部、金山北部、嘉定西南部、奉贤西部等区域。(2) 崇明三岛,崇明岛地势大致为西北部和中部略高、西南部和东部略低,平均地面高程 3.6 m;长兴岛、横沙岛地势较低,高程大多在 3 m 左右。(3) 市中心,黄浦、静安等区的地面高程处在 3 m 以下。这个区域的地势低于周边,与地面沉降有关:在 20 世纪 20 年代以前,由于过量抽取地下水,自 1921 年起地面逐年下沉,至 1948 年下沉 0.64 m。1949 年后,由于市政建设发展、工业用水和生活用水增加、地下水开采量加速,地面沉降加剧,市区和近郊 300 km² 范围内形成了一个碟形沉降洼地。至 1965 年,累计平均沉降 1.76 m,沉降中心最大累计沉降量达 2.63 m。1965 年后,采用人工补给地下水、调整地下水开采层次、控制地下水使用等方法,大面积地面沉降基本得到控制。

上海市平原面积广大,地形平坦,涝灾风险比较突出。一般来说地形有点起伏,更有利于地表排水,而平坦地面的地表坡面流不会流太远,需要就近入河,这是多雨的江南水乡河道密布的原因之一。除了长江和黄浦江,上海河道的河底基本是平的,河网排水的动力主要来自潮动力,退潮时水向下游流,涨潮时水就向上游流,所以上海的水流特点是流态回荡往复、流速十分缓慢。即使是出海口门建闸的河道,一潮也只有 6 小时排水机会,另外 6 小时被潮水顶托而关闸。从开闸排水到关闸 6 小时,10 km 外地方的水流可能还没有明显

---

① 1 亩≈666.67 m²。

流动。因此,河网的调蓄能力在区域除涝中发挥重要作用。

2.2 上海市气候特征与降雨规律

2.2.1 气候与气象特征

上海地处湿润的北亚热带南缘,是季风盛行的地区。全年在冬、夏季风的冷暖空气季节性交替影响下,四季分明。上海地区多年平均气温为15.7℃。7月份平均气温为27.8℃,1月份平均气温为3.5℃,历年极端最高气温为40.8℃(2013年8月7日),极端最低气温−12.1℃(1893年1月19日)。

上海地区降水充沛,据近百年徐家汇站资料统计,年平均降水量1 244 mm(1991—2020年),年平均雨日131天。降水的年际与年内变率较大,最高年为1 793.7 mm(1999年),最低年为709.2 mm(1892年),大约有15~20年丰枯水交替的周期变化规律。降水的季节变化明显,每年汛期6月—9月为夏秋多雨季节,约占全年降水量的60%;10月到次年5月为少雨季节,约占全年降水量的40%。一般3月—5月为春雨,特点是雨日多、小雨多;6月—7月为梅雨期,特点是降雨总量大、历时长、范围广,特大梅雨易形成流域性洪涝灾害;8月—10月为台风雨,特点是降雨强度较大、历时较长、范围广,特大暴雨易造成区域性洪涝灾害。

上海地区夏季盛行东南及偏南风,冬季盛行西北及偏北风,各风向平均风速2.9~4.9 m/s。春季3月—4月平均风速最大,冬季1月—2月和盛夏次之,秋季9月—10月最小。沿江沿海和江口诸岛平均风速比内陆大,郊区平均风速比市区大。台风影响期间的风速最大,杭州湾北岸和长江口两岸最大风速超过40 m/s。

上海市新一轮总体规划中,城市的定位是"卓越的全球城市",城市建设的各方面都在对标伦敦、巴黎、纽约、东京等世界发达城市。但由于世界各地区的气候条件不同、地形条件不同、暴雨特点不同,暴雨灾害也有所不同。东京与上海一样,同属亚热带季风气候,月均降雨量变化较大,也经常遭受台风暴雨袭击,但地形条件有所不同。伦敦、巴黎属温带海洋性气候,月际降雨分布均匀,降雨高峰8月份的平均降雨量不到上海的四分之一;纽约属温带大陆性气候,月际降雨分布也很均匀,降雨高峰8月份的平均降雨量也只有上海的二分之一。

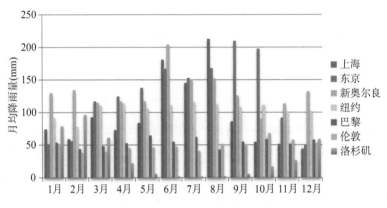

图 2.2-1 世界发达城市降雨量月际分布图

2.2.2 降雨情况分析

1. 降雨等级划分

洪涝灾害都是由降雨引发的,但不是所有等级降雨都引发洪涝灾害,即使我们习惯所讲的暴雨,还可分为三个不同等级。气象部门一般采用《降水量等级》(GB/T 28592—2012)划分标准,将降雨分为微量降雨(零星小雨)、小雨、中雨、大雨、暴雨、大暴雨、特大暴雨共 7 个等级。水利部门采用的《水文基本术语和符号标准》(GB/T 50095—2014)中将 24 小时降水量大于或等于 50 mm 的称暴雨,100~200 mm 的称大暴雨,200 mm 以上的称特大暴雨。两个降雨等级划分标准大体相同,而特大暴雨的下限略有不同:12 小时特大暴雨气象部门为 140 mm、水利部门为 100 mm,24 小时特大暴雨气象部门为 250 mm、水利部门为 200 mm。由于气象部门的资料系列更长、更完整,本节采用气象部门的降雨资料和划分标准来统计分析。

表 2.2-1 不同时段的降雨等级划分表

等级	气象部门划分标准		水利部门划分标准	
	12 h 降雨量(mm)	24 h 降雨量(mm)	12 h 降雨量(mm)	24 h 降雨量(mm)
小雨	0.1~4.9	0.1~9.9	<5	<10
中雨	5~14.9	10~24.9	5~14.9	10~24.9
大雨	15~29.9	25~49.9	15~29.9	25~49.9
暴雨	30~69.9	50~99.9	30~69.9	50~99.9

续表

等级	气象部门划分标准		水利部门划分标准	
	12 h 降雨量(mm)	24 h 降雨量(mm)	12 h 降雨量(mm)	24 h 降雨量(mm)
大暴雨	70～139.9	100～249.9	70～99.9	100～199.9
特大暴雨	≥140	≥250	≥100	≥200

在上海,造成洪灾的,主要是下游高潮及上游洪水;造成区域涝灾的,主要是 24 小时特大暴雨或大暴雨;12 小时特大暴雨或大暴雨造成区域性涝灾的情况比较少见,因此,我们暴雨统计分析以 24 小时降雨量为依据。

2. "一般降雨"情况

小雨、中雨、大雨等级的降雨一般不会引发洪涝灾害,为叙述方便,我们将暴雨等级以下的小雨、中雨、大雨暂时统称为"一般降雨"。

为了更好地反映"一般降雨"情况,我们利用全市各区 11 个气象站 1981—2020 年雨量资料,将雨量 50 mm 以下的降雨,以 5 mm 为间隔,来分级统计其年均降雨场次与相应年均降雨量,分析其分布特性。统计结果表明,降雨量小于 50 mm 的大雨、中雨、小雨、微雨的总场次占全年的 97.8%,总雨量占全年的 75.5%,其中全年总雨量的一半是中雨等级以下降雨。

表 2.2-2　全市各区年平均降雨场次统计表　　　　　单位:次

场次雨量 (mm)	徐汇	浦东	宝山	嘉定	闵行	南汇	松江	青浦	奉贤	金山	崇明	全市 平均
≤5	108.8	112.4	106.2	112.6	112.1	116.4	116.0	116.9	117.3	115.4	110.0	113.1
5.1～10	19.0	18.6	18.2	17.4	18.3	18.8	18.7	18.0	19.1	19.6	17.6	18.5
10.1～15	10.2	9.9	10.0	11.0	10.5	10.6	11.2	10.4	10.8	10.9	10.2	10.5
15.1～20	6.4	7.0	6.7	6.6	6.9	7.1	6.3	6.8	7.2	6.9	6.7	6.8
20.1～25	5.0	4.7	4.3	4.0	4.2	4.5	4.3	4.8	4.1	4.8	4.0	4.4
25.1～30	3.3	3.3	3.0	3.0	3.3	3.1	2.8	3.4	3.3	2.7	2.9	3.1
30.1～35	2.6	2.4	2.1	1.9	2.3	2.4	2.3	2.2	2.4	2.1	2.0	2.2
35.1～40	1.9	1.8	2.0	1.7	1.6	1.2	1.6	1.5	1.5	1.9	1.1	1.6
40.1～45	1.1	1.2	1.3	1.1	1.3	1.5	1.4	1.1	1.2	1.3	1.1	1.2
45.1～50	1.1	0.8	0.9	1.1	0.8	0.9	1.0	1.0	1.1	0.7	0.9	0.9

续表

场次雨量 （mm）	徐汇	浦东	宝山	嘉定	闵行	南汇	松江	青浦	奉贤	金山	崇明	全市 平均
≥50.1	3.9	4.5	3.7	3.5	3.7	3.8	3.2	3.0	3.4	3.7	3.8	3.6

表 2.2-3   全市各区年平均雨量统计表　　　　　　　　　　　单位：mm

场次雨量 （mm）	徐汇	浦东	宝山	嘉定	闵行	南汇	松江	青浦	奉贤	金山	崇明	全市 平均
≤5	125.2	126.5	124.4	126.5	126.3	129	131.1	131.2	129.7	132.6	122.4	127.7
5.1～10	137.6	135.4	131.8	125.1	131.3	135.3	134.3	129.8	136.7	142.3	129.4	133.5
10.1～15	125.4	122.2	124.7	136.7	130.3	130.8	137	127.4	133.6	134	124.8	129.7
15.1～20	111.5	121.3	116.9	115.3	120.1	122.8	109.6	117.5	123.9	118.9	116.1	117.6
20.1～25	112.5	105.4	94.9	88.5	92.8	100	96.6	107.6	90.3	107.4	89	98.6
25.1～30	89.2	90	80.9	81.4	89.1	85.3	76.9	94.4	90.7	72.8	79.1	84.5
30.1～35	85.3	76	67.9	61.8	74.2	77.5	75.4	69.5	76.3	66.4	63.2	72.1
35.1～40	71.3	65.8	72.8	64.3	57.9	44.9	60.6	53.9	55.2	71.3	42.1	60
40.1～45	47.3	49.1	52.6	46.5	56	61.6	57.1	44.3	49.1	56.2	46.9	51.5
45.1～50	53.4	38	44.4	49.6	39	43.9	48.9	46.2	53.3	34.5	42.7	44.9
≥50.1	327.5	361.1	307.8	291.4	300.6	300.9	264.1	237.1	283.8	296.3	316	298.8

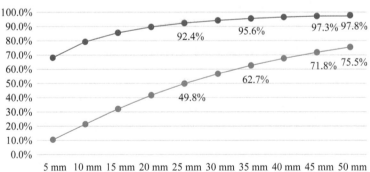

图 2.2-2   全市年平均降雨场次和雨量累计曲线图

2015 年 10 月,国务院办公厅发布的《关于推进海绵城市建设的指导意见》明确要求:通过海绵城市建设,综合采取"渗、滞、蓄、净、用、排"等措施,最大限度地减少城市开发建设对生态环境的影响,将 70% 的降雨就地消纳和利用。要实现将 70% 的降雨就地消纳和利用的目标,就要把 24 小时雨量约 45 mm 以下的降雨全部拦蓄。因此,海绵城市建设中涉及的降雨均为大雨等级以下的降雨。

城市的降雨主要依靠雨水排水系统排到河道,市政雨水排水通常考虑 1 小时短历时暴雨,而不是 24 小时长历时暴雨。1 小时降雨的雨量≥16 mm 称暴雨,24 小时降雨的雨量≥50 mm 才称暴雨,显然,这两种暴雨的降雨强度和持续性完全不同。过去,《室外排水设计规范》的暴雨强度公式编制方法中暴雨选样一直采用 5 分钟、10 分钟、15 分钟、20 分钟、30 分钟、45 分钟、60 分钟、90 分钟、120 分钟共 9 个历时。可能由于现在雨水排水系统设计普遍存在汇水范围增大、汇水时间延长,2014 年修编《室外排水设计规范》时,在暴雨强度公式编制的暴雨选样中增加了 150 分钟、180 分钟两个历时,但仍然属于短历时暴雨。雨水排水系统的汇水时间通常为 1 小时左右,一般不会超过 3 小时,为了更好地反映不同历时降雨的情况,我们将每场降雨的历时,以 3 小时为间隔,来统计分析其累计分布特性。

表 2.2-4　全市各区不同历时降雨场次统计表　　　单位:次

场次历时 (h)	徐汇	浦东	宝山	嘉定	闵行	南汇	松江	青浦	奉贤	金山	崇明	全市 平均
≤3	84.9	88.6	83.8	88.4	87.5	90.9	89.8	91.8	91.5	90.0	86.2	88.5
3～6	29.6	30.5	29.9	29.4	30.2	30.7	30.9	30.2	30.4	30.4	29.5	30.1
6～9	18.0	17.2	17.0	16.8	17.3	17.6	17.8	17.3	18.2	17.2	16.2	17.3
9～12	11.1	10.3	10.2	11.3	10.4	11.5	10.6	11.2	10.9	11.5	10.5	10.8
12～15	6.3	6.5	6.1	6.0	6.6	6.6	6.6	6.3	6.8	7.4	5.9	6.5
15～18	4.4	4.7	3.6	4.2	4.5	4.4	4.5	4.2	4.9	4.3	4.3	4.4
18～21	2.8	2.9	2.6	2.3	2.6	2.9	2.9	2.5	2.8	2.8	2.5	2.7
21～24	2.0	1.7	1.7	2.0	1.6	1.6	1.4	1.6	1.5	2.0	1.6	1.7
>24	4.4	4.1	3.6	3.5	4.1	4.1	4.3	3.8	4.3	4.4	3.6	4.0

表 2.2-5　全市各区不同历时降雨年平均雨量统计表　　　单位:mm

场次历时 (h)	徐汇	浦东	宝山	嘉定	闵行	南汇	松江	青浦	奉贤	金山	崇明	全市平均
≤3	167.1	168.4	162.2	142.0	157.9	159.5	139.9	147.7	144.8	144.3	136.5	151.9
3~6	184.0	191.4	182.9	178.7	180.8	186.3	179.2	173.6	190.2	178.6	186.2	182.9
6~9	183.6	175.9	163.1	179.5	159.5	152.7	174.7	173.2	171.0	163.3	163.3	169.1
9~12	156.8	150.0	163.0	160.6	154.7	162.3	144.6	149.3	145.0	163.9	150.8	154.6
12~15	121.9	123.1	127.7	116.5	122.9	118.2	128.4	108.0	122.6	128.4	105.6	120.3
15~18	118.8	128.4	90.5	98.4	108.8	115.5	104.9	105.7	117.6	104.9	116.1	110.0
18~21	73.2	80.5	69.6	60.0	76.1	73.6	76.7	60.5	82.5	68.1	68.2	71.8
21~24	59.8	59.4	58.7	58.1	52.0	53.9	38.2	53.8	36.2	58.3	55.5	53.1
>24	221.0	213.7	201.2	193.4	205.3	209.1	204.9	186.9	212.5	223.0	189.5	205.5

经统计,场次历时在 3 小时以下的降雨场次占全年的 53.3%,年均总雨量占全年的 12.5%,而场次历时在 24 小时以上的降雨场次占全年的 2.4%,年均总雨量却占全年的 16.8%。可见,市政雨水排水所关注的历时 3 小时以下的降雨为常见降雨,其中的暴雨也每年都多次遇到,只是遭遇暴雨的地块不同。而洪涝灾害防御所关注的历时 24 小时以上的降雨不是常见降雨,其中笼罩范围大的暴雨更少。因此,市政雨水排水考虑的"短历时""点雨量",与洪涝灾害防御考虑的"长历时""面雨量",具有完全不同的特点,产生完全不同的后果。

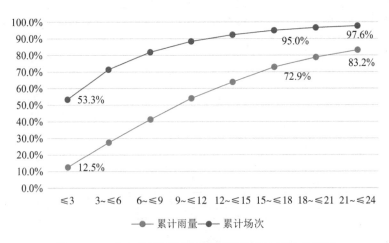

图 2.2-3　全市各历时降雨平均雨量和场次累计曲线图

3. "暴雨"情况

为了与"一般降雨"区别开来,本节中我们将暴雨、大暴雨、特大暴雨暂时统称为"暴雨"。

根据 1981—2020 年本市 11 个区气象站资料,上海市的年均总降雨量 1 225.6 mm,年均总降雨场次 166 场,年均降雨天数 131 天。其中,年均总暴雨量 358.2 mm,占总降雨的 29%;年均总暴雨场次 4.0 场,占总降雨场次的 2%;年均暴雨天数 3.5 天,占总降雨天数的 3%。

暴雨的场次只占 2%,但总暴雨量却占 29%,说明暴雨的雨量比一般降雨要大得多。如果单场次的大暴雨和特大暴雨的雨量超过区域河网的蓄、排能力,就容易造成涝灾。

表 2.2-6　各区气象站年均降雨与年均暴雨统计表

项目	徐汇	浦东	宝山	嘉定	闵行	南汇	松江	青浦	奉贤	金山	崇明	全市平均
年均降雨量(mm)	1 298.6	1 292.4	1 218.4	1 188.6	1 223.9	1 252.5	1 205.9	1 163.0	1 228.5	1 237.1	1 172.5	1 225.6
年均降雨场次(次)	163	166	158	164	165	170	169	169	171	170	160	166
年均降雨天数(天)	130.3	131	125.6	127.9	130.9	134.6	133.4	131.9	133	134.9	127.9	131.0
年均暴雨量(mm)	404.0	429.0	367.2	358.0	356.6	364.5	318.9	293.4	344.4	337.2	367.5	358.2
年均暴雨场次(次)	4.4	4.8	4.1	4.0	4.0	4.0	3.7	3.4	3.9	3.9	4.1	4.0
年均暴雨天数(天)	4.1	4.1	3.6	3.1	3.4	3.6	3.3	2.9	3.2	3.4	3.5	3.5

4. 极端暴雨情况

我国是多暴雨国家,除少数干旱少雨的省(市、自治区)外,几乎都可能在夏季出现大暴雨或特大暴雨。1949 年以来,许多省市都发生过暴雨引发的严重洪涝灾害,上海也不例外。

"63·9"特大暴雨。1963 年 9 月 12 日—13 日,上海由于强台风倒槽影响,发生有记录以来最大 24 小时面雨量,全市各区降雨量全部超过 100 mm。暴雨中心南汇大团的总雨量 490.8 mm,其中最大 1 小时雨量 70.8 mm,最大 6 小时雨量 262.4 mm,最大 12 小时雨量 405.3 mm,最大 24 小时雨量 475.3 mm。最大 24 小时 300 mm 等雨量线在六团、莘庄、松江县城、泖港、张堰、金山嘴沿线,笼罩面积达 2 090 km²(不包括海上面积)。郊区除崇明、宝山、嘉定稍好外,其余区域涝灾十分严重,受淹面积达 170 万亩。市区大面积积水,深者达 0.8~1.0 m,杨浦等区出动公园游船抢救积水区群众,市区积水 3 天才退尽。

"77·8"特大暴雨。1977 年 8 月 21 日,上海发生历史记录上最大一场暴雨。这场暴雨的暴雨中心在宝山塘桥附近,东至吴淞,南到彭浦,西至南翔,北到罗店的 330 km² 范围内,被 400 mm 以上的暴雨所笼罩,塘桥一带的日雨量达 581.3 mm,总降雨量为 591.8 mm。其中,最大 1 小时雨量 151.4 mm,最大 6 小时降雨 460 mm,最大 12 小时降雨 567.6 mm,各历时雨量均为历史极值。极端暴雨造成交通中断,工厂、商店、仓库和居民住宅普遍进水,大批工厂停产、商店停业、学校停课,大量物资受淹,城乡灾情严重。吴淞工业区、桃浦工业区、彭浦工业区及其附近地区普遍积水 0.5 m,最深达 2 m,地势较低地区的河、田、路不分,一片汪洋。市区居民进水达 4.7 万户,郊县受淹农田 121.4 万亩,共倒塌房屋 2 016 间、仓库 1 040 间、棚舍 3 422 间。吴淞化工厂因金属钠大爆炸,火势高达 30~40 m。蕴藻浜 22 万 V 变电站遭雷击,10 kV 的线路有 44 条出现故障,大小变电站停电、跳闸或进水的有数十起。市区积水 2 天后排除,郊区积水 4 天后才退尽。

"01·8"连续大暴雨。2001 年 8 月 5 日至 8 月 9 日,上海连续 5 天出现了暴雨和特大暴雨天气。8 月 5 日 14 时至 8 月 9 日 14 时,徐家汇站的累计雨量达 480 mm,是上海 1873 年以来 8 月份连续 5 天的雨量之最,其中 8 月 5 日到 8 月 6 日的日降雨量多达 275 mm,浦东孙桥、南汇周浦分别达 284.1 mm 和 272.1 mm。杨浦、宝山、徐家汇、卢湾最大 1 小时降雨量分别达到 105 mm、96 mm、87 mm、83 mm,都大大超过了雨水排水系统的设计标准。连续大暴雨造成了河水暴涨,沿杨树浦港、虹口港、界弘浜、虹江、沙泾港、俞泾浦部分泵站被迫停机。市中心城区 476 条(段)道路积水,进水街坊达 324 个,企业、居民家中进水达 47 797 户,屋损屋漏报修达 14 860 户。郊区受灾区域主要有浦东新区孙桥、南汇周浦、康桥、祝桥和宝山地区,造成道路积水 101 条(段),进水受灾居民、企业 17 023 户,受淹农田 15.2 万亩,遭受雷击 246 处,10 人伤亡

(其中 2 人死亡),部分小区积水深达 0.6～0.7 m。

"菲特"台风暴雨。2013 年 10 月 7 日,浙江北部、浙江东部、福建东北部及上海部分地区降雨 200～350 mm,浙江余姚、宁波和杭嘉湖部分地区降雨达 400～600 mm,浙江涝灾非常严重。上海也形成台风、暴雨、天文高潮、上游洪水"四碰头"的严峻局面,金山、松江、青浦、嘉定等西部地区的涝灾较严重。这场暴雨的暴雨中心在浙江,与 1963 年 9 月 12 日暴雨中心在南汇大团的"63·9"暴雨相比,历时都在 1 天左右,但面雨量还要大,覆盖范围还要广。如果"菲特"的暴雨中心在上海,其灾害严重程度要超过"63·9"暴雨。

近十年,全国各地极端暴雨频发,2012 年北京"7·21"特大暴雨、2021 年郑州"7·20"特大暴雨、2023 年北京"7·30"特大暴雨,都造成了严重的洪涝灾害,上海再次发生极端暴雨的可能性不容忽视。截至 2020 年底,本市已建地下工程共计约 4.2 万个,总建筑面积约 1.26 亿 m^2,地下空间十分密集,地铁网络四通八达,如果遭遇极端暴雨,其破坏力可能要远大于传统的洪涝灾害。因此,各级政府和社会各方必须高度关注极端暴雨的应对,相关部门要加强研究,积极采取各种防备措施,最大程度减少人员伤亡和财产损失。

2.2.3 暴雨时空分布

1. 暴雨时间分布

上海市滨江临海、雨水丰沛,降雨量年内分布不均匀。从 1981—2020 年资料统计分析,冬季和初春暴雨较少,暴雨出现时间基本集中于 4 月中下旬至 10 月上旬,对上海市影响较大的暴雨大多发生于汛期的 6 月—9 月,偶尔也有发生于 10 月上旬。

表 2.2-7　全市各区暴雨频数月际分布统计表　　　　　单位:次

月份	徐汇	浦东	宝山	嘉定	闵行	南汇	松江	青浦	奉贤	金山	崇明	全市平均
1	0	0	0	0	0	0	0	0	0	0	0	0
2	0	0	0	0	0	0	0	0	0	1	0	0
3	1	1	1	0	2	0	2	1	3	3	0	1
4	2	2	1	2	3	3	3	2	5	5	1	3
5	6	6	11	6	4	8	8	7	3	7	7	7
6	44	44	27	27	36	35	35	37	36	39	42	37
7	30	32	30	24	28	30	25	24	28	22	22	27

月份	徐汇	浦东	宝山	嘉定	闵行	南汇	松江	青浦	奉贤	金山	崇明	全市平均
8	40	40	39	38	29	37	29	21	27	28	39	33
9	28	28	23	15	25	18	20	15	17	20	20	21
10	11	11	9	12	6	10	8	8	6	8	8	9
11	1	1	1	1	1	1	1	1	1	2	1	1
12	0	0	0	0	0	1	0	0	0	0	0	0

2. 暴雨空间分布

根据气象局各区 1981—2020 年资料统计,上海年均总暴雨量 358.2 mm,暴雨量的空间分布特点是沿江沿海多于内陆、市区多于郊区。浦东的年均暴雨总量最大,为 429 mm,青浦最小,为 293.4 mm。由于受同一天气系统控制,各区之间的年均暴雨量差异不大,与全市平均值相比,上下差距约 20%。

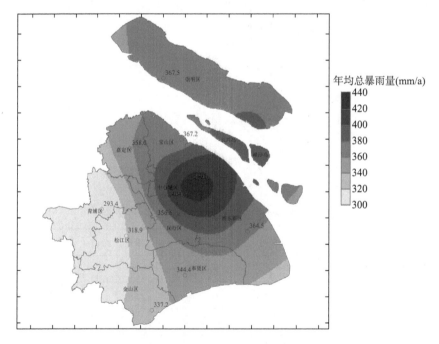

图 2.2-4 上海市年均总暴雨量分布图

沿江沿海与市区暴雨偏多的原因,一是台风暴雨较多,沿江沿海水汽更充足;二是城市热岛效应、雨岛效应的影响,相同天气和水汽条件下城市中心的下垫面向近地层输送热量较为强烈,易加强近地层的对流运动,形成暴雨。

2.2.4　暴雨特征分析

我们在 2011—2014 年完成的水利部公益性行业科研专项《区域除涝与城镇排水标准模式和综合调度研究》中,上海市气候中心根据 1981—2010 年各区气象站 1～24 小时雨量资料,对本市的暴雨特征开展了全面统计分析。近10 年来,上海发生了 2013 年"菲特"台风暴雨、2021 年"烟花"台风暴雨,但暴雨特征没有明显的变化,因此,这里仍引用其研究成果来描述上海的暴雨特征。

1. 主要暴雨类型特征

形成上海地区暴雨的主要天气系统为静止锋、暖区、低压、台风。发生频数最多的是静止锋暴雨,占 42％;第二位是暖区暴雨,占 16％;第三位是低压暴雨,占 14％;第四位是台风暴雨,占 11％。这四类暴雨频数占暴雨总数的83％,是上海地区主要暴雨类型。

静止锋暴雨:当冷暖气团相遇且势力相当,使冷暖气团的交界面呈静止状态,形成静止锋,一旦受静止锋影响,经常出现暴雨。静止锋暴雨的特征是雨时长、降雨范围广、总雨量大。比较典型的是 1999 年 6 月—7 月间的特大梅雨,徐家汇站记录梅雨期 43 天,总梅雨量 815.4 mm,造成江淮流域性严重涝灾。6 月 7 日—10 日,上海地区在静止锋影响下形成上海气象史上罕见的长达 4 天的全市暴雨,大部分地区的累计雨量超过 200 mm,米市渡站以上水位全面超警戒水位,本市近 1.5 万户居民家中进水,100 多条道路积水严重,金山、青浦、松江等西部低洼地区大面积涝灾。

暖区暴雨:高压后部或地面低槽东部区域,经常会有强烈辐合上升引起的对流性强降水、气旋性曲率附近的不稳定雷阵雨以及切变线引起的雷暴雨。暖区暴雨的特征是雨时短、降雨范围小、雨强较大。比较典型的是 2012 年 8月 20 日的雷暴雨,小时降雨强度 60～70 mm,造成有近 20 条(段)道路发生短时积水,虹桥、浦东两大机场近百次航班延误。

低压暴雨:低压也称气旋,在北半球空气作逆时针旋转的大型涡旋,水平尺度在 200～3 000 km,同等压面上具有闭合等压线,中心气压低于周围,由于气旋的低层气流辐合,有利于产生气流上升运动,常形成暴雨。低压暴雨的特征是雨时短、降雨范围较小、雨强较大。比较典型的是 2008 年 8 月 25 日,上海发生百年未遇的突发性强暴雨,1 小时雨量达 119.6 mm,造成局部道路交通瘫痪、航班延误、家中进水等危害。

台风暴雨:台风一般指产生在热带洋面上的强热带气旋,影响我国的台风一般是产生在西北太平洋上逆时针急速旋转的大型涡旋,台风形成的暴雨就是台风暴雨。台风暴雨的特征是雨时较长、降雨范围广、雨强较大、总雨量大。比较典型的是 2005 年 8 月 5 日—7 日的"麦莎"台风暴雨,过程总雨量大部分地区在 100~250 mm 之间,市区最大总雨量达 306.5 mm,米市渡站以上水位均创新高,形成近 30 年中最严重的全市性涝灾。

这四种暴雨中,台风暴雨往往伴随台风增水和高潮顶托,容易造成涝灾;梅雨为典型的静止峰暴雨,特别是流域范围的特大梅雨,历时特长、总雨量大,虽然日雨量不大,但连续降雨后再出现暴雨,加上天文高潮的顶托,地势低洼、外排条件差的区域,也会形成涝灾。暖区暴雨和低压暴雨的雨强较大,容易造成道路积水。

2. 暴雨强度特征

上海市平均每年出现 2.5 次强暴雨(过程雨量≥100 mm),强暴雨主要发生在 6 月—9 月,7 月最多,9 月仍会出现较多强暴雨。

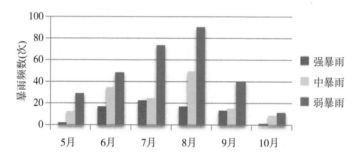

图 2.2-5 上海市 5 月—10 月暴雨的降雨强度特征

上海市强暴雨中静止锋暴雨最多,台风暴雨次之,静止锋和台风产生的强暴雨占全年强暴雨总数的 78.7%,低压暴雨、暖区暴雨总频数少些。但是,暖区暴雨的平均雨强最强,然后依次为台风暴雨、低压暴雨、静止锋暴雨。

静止锋暴雨中的强暴雨占比 16.2%,而台风暴雨中的强暴雨占比达 26.5%,因此,台风暴雨中强暴雨比例较梅雨高得多。

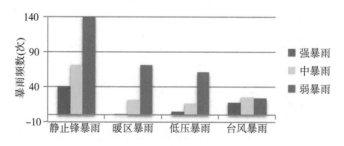

图 2.2-6 上海市主要暴雨类型的降雨强度特征

3. 暴雨历时特征

从暴雨历时来统计,各月暴雨频数最多的是 12～23 小时暴雨,6 月—8 月最多,其次是 5 月和 9 月。6 小时以内的短历时暴雨主要集中在 7 月—8 月,8 月最多。

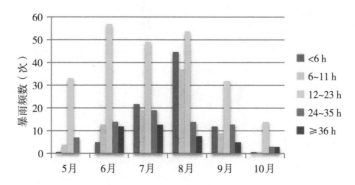

图 2.2-7　上海市 5 月—10 月暴雨的降雨历时特征

静止锋暴雨的历时一般大于 6 小时,12～23 小时最多,暖区暴雨历时一般小于 6 小时,低压暴雨历时一般以 12～23 小时为主,台风暴雨历时一般大于 12 小时,12～23 小时最多。

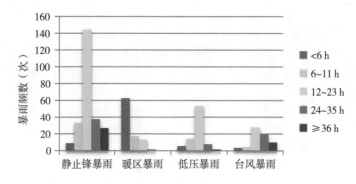

图 2.2-8　上海市主要暴雨类型的降雨历时特征

历时超过 24 小时的暴雨平均每年出现 3.8 次,基本为静止锋暴雨和台风暴雨。梅雨期间的静止锋暴雨往往是历时很长的暴雨,历时大于 1 天的暴雨比较常见;台风影响上海一般约 2～3 天,而台风暴雨历时一般 1 天,历时超过 1 天的台风暴雨,其雨量大多集中在 24 小时内。

4. 暴雨范围特征

上海平均每年出现全市范围暴雨 2.8 次,6 月—7 月出现的频数最高,这两月上海地区经常出现稳定的静止锋,遂形成大范围、长时间暴雨。而局部暴雨集中在 7 月—8 月,这两个月雷阵雨明显增多,均为小范围、短历时强暴雨。

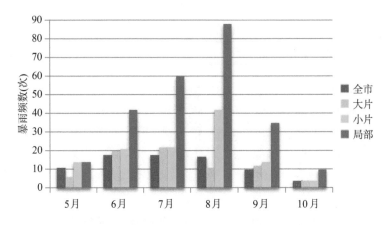

图 2.2-9　上海市 5 月—10 月暴雨的雨区范围特征

全市范围暴雨大多为静止锋暴雨和台风暴雨,局部暴雨大多为静止锋暴雨和暖区暴雨。暖区暴雨的平均雨强最大,是台风暴雨的 2.5 倍;局部暴雨的平均雨强是大片以上暴雨的 2 倍。

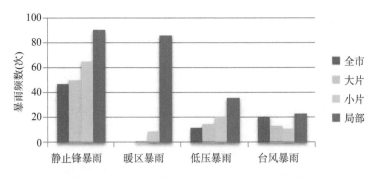

图 2.2-10　上海市主要暴雨类型的雨区范围特征

5. 降雨雨型特征

上海的降雨过程千变万化,通过大量降雨过程统计分析,可归纳成 7 种模式,其中 Ⅰ 型(雨峰在前)、Ⅱ 型(雨峰在后)、Ⅲ 型(雨峰在中)为单峰雨型,Ⅳ 型为大致均匀分布雨型;Ⅴ 型(雨峰在前与后)、Ⅵ 型(雨峰在前与中)、Ⅶ 型(雨峰在后与中)为双峰雨型。我们采用模糊模式识别法判断一场降雨属于哪种型式:先用时段雨量占总雨量的比例作为该场降雨的雨型指标,建立 7 种雨型的模式矩阵,再分别计算每场实际降雨与 7 种雨型模式的贴近度,由择近原理判断该场降雨属于哪种型式。

经统计分析,上海地区历时 24 小时暴雨雨型以单峰型为主,占 55.85%,双峰型占 35.89%,均匀型很少,只占 8.26%,出现频数排在前三位的雨型为 Ⅰ 型(雨峰在前)、Ⅴ 型(雨峰在前与后)、Ⅱ 型(雨峰在后)。

由于单峰雨型雨量集中,特别是雨峰在后部的暴雨对区域除涝和城市排水的影响较大,容易引发农田受淹和城区大面积积水。

6. 台风暴雨的特征

上海所处的西太平洋区域是热带气旋生成最多的地方,其生成数量占全球 36%。民间习惯称热带气旋为台风,而根据热带气旋等级划分标准,风力 12~13 级称台风,风力 14~15 级称强台风,风力 16 级以上称超强台风。台风暴雨引发的洪涝灾害是上海市出现次数最多、威胁最大、损失最严重的自然灾害。

平均每年影响上海的台风约有 2~3 次,最多年份可达 5~7 次,7 月—9 月为台风多发季节。台风往往伴随暴雨,10 级以上大风的台风约占总数的 21%,伴有暴雨的台风占 24%。单次台风影响上海时间不太长,50% 以上台风的影响时间为 1~2 天。2021 年的“烟花”台风,影响时间长达 5 天,但比较少见。

根据近 50 年上海台风行进路径分析,影响上海的台风路径大致可以分为五类:(1) **登陆类**。指台风在浙江、福建、广东省登陆,其中一部分登陆后继续向西行进,最终在内陆消失,这类台风占 28.4%;另一部分登陆后转向,向东北方向移动,这类台风占 29.4%。登陆类台风对上海影响较大,尤以北纬 25 度以北登陆的台风影响更大,上海常出现风力很大的台风和暴雨。(2) **近海北上类**。台风进入第一、二警戒线(即 48 小时警戒线和 24 小时警戒线)后,沿东经 125 度附近北上,过北纬 30 度,其中一部分台风转向东北,进入日本海;另一部分台风在黄海向西转折,进入山东或辽宁地区。这类台风占 25.5%,对上海影响比较大,其中东经 125 度以西北上的这些台风影响更大,最大风力可达 7~8 级。(3) **正面袭击类**。指台风中心正面登陆上海,或侵入东经 123 度以西的上海市海岸带,台风影响期间最大风力可达 10 级以上。这类台风频次较少,只占 9.8%。2018 年有 5 次台风正面袭击上海,次数之多极为罕见。(4) **远海北上类**。台风在西北太平洋上形成后,沿西北方向移动,进入台风第一警戒线后,在琉球群岛以东转向,移向东北方向或消失。这类台风频数较少,占总频数的 5.9%,对上海的影响较小。(5) **中转向类**。台风虽通过第一、二警戒线,但在台湾地区附近较低纬度处转向,仅占1%。因距上海较远,影响也较小。

台风暴雨覆盖范围较大,台风眼的直径通常为10~60 km,而眼区以外的涡旋区围绕着浓厚的云层,其直径可达400 km,厚度可达20 km,这里是狂风暴雨区。受台风影响时,不仅风速大、潮位高,还带来了充沛的雨水,往往是风雨交加。台风暴雨的暴雨强度大、总雨量大、持续历时较长、降雨范围广,加上风暴增水、高潮顶托,很容易出现风、暴、潮三碰头,而造成洪涝灾害。

台风产生的降雨在空间分布上通常呈非对称性,并以台风移动方向右侧的降雨量最大,范围也较宽。统计表明,上海地区受不同路径台风影响的降雨量差异比较显著,对上海产生较大影响的台风暴雨中,登陆类台风带来的降雨量及降雨强度较大,近海北上类台风的降雨量、降雨强度较小。所以,应当更加重视登陆类台风的预警、预报、预演、预案,特别是福建北部和浙江登陆的台风,可能给上海带来较大风、暴、潮灾害。

2.2.5 不同历时极值雨量的同现规律

暴雨是十分复杂的自然现象,除暴雨重现期(即频率的倒数,下同)、雨量、历时、范围等要素以外,雨型也是影响流域防洪、区域除涝的重要因素。

上海的防洪防潮水位主要由潮位决定,不涉及雨型问题,通常由年最高水位长系列资料的频率分析成果,来确定规划重现期标准的设计水位。但是,太湖流域防洪水位是按规划重现期的30~90天面雨量通过模型模拟计算得到,雨型选择90天"99梅雨"的典型降雨过程,雨峰不明显,最大日雨量也远小于区域除涝标准的24小时雨量。因此,同一站点,上海50年一遇的年最高水位要高于流域100年一遇的计算最高水位。

区域除涝标准中的雨型一般选择历时24小时单峰雨型、雨峰在中后部的典型暴雨过程,雨峰比较突出,上海的除涝规划采用"63·9"典型暴雨的雨型。

上海周边有些地区采用同频法设计雨型,20年一遇的24小时降雨中最大1小时也采用20年一遇的雨量值,雨峰更加尖锐,这种雨型极为罕见。区域除涝安全是通过蓄、排,控制内河水位来实现的,我们通过模型模拟计算可知,人为拔高雨峰,需要大大增加泵站的配置,以压制产生最高水位的一小段时间内水位上升幅度,其带来的投资增加是十分庞大的,可能会超过防灾效益。因此,上海除涝是否有必要采用同频法设计雨型,值得研究。这里我们先抛开经济因素,从技术角度研究大暴雨中最大1小时雨量极值与整场暴雨极值的同现概率。

1. 不同站历史最大值的同步出现情况

我们收集了上海市水文总站 40 个雨量站所有记录中，不同历时的历史最大雨量资料，来研究一场暴雨同时出现各历时雨量最大值的概率。方法是将每个站出现在同一场暴雨的数据用同一颜色表示，以显示是否同步出现。

表 2.2-8　各站暴雨量历史最大值及发生时间统计表　雨量单位:mm

| 站名 | 最大 3 d 暴雨 | | 最大 24 h 暴雨 | | 最大 6 h 暴雨 | | 最大 1 h 暴雨 | | 最大 10 min 暴雨 | |
	发生日期	雨量	发生日期	雨量	发生日期	雨量	发生日期	雨量	发生日期	雨量
堡镇	2005/8/5	262.5	2005/8/6	200.0	1966/7/22	142.2	2007/8/5	111.0	2003/7/5	28.4
堡镇北闸	2009/7/31	266.0	1997/8/18	213.6	2009/8/2	155.5	2009/8/2	61.5	2009/7/31	22.5
北桥	2009/7/31	208.6	2009/8/2	196.2	2009/8/2	176.3	2011/8/11	73.0	2011/8/11	22.5
崇明南门	1976/6/30	238.6	2001/7/5	219.8	2001/7/6	176.3	2004/7/14	80.0	2005/9/12	25.0
崇西闸	2009/7/31	170.5	2009/8/2	167.5	2009/8/2	129.5	2010/8/27	54.0	2007/6/28	26.0
大团闸	2005/8/5	212.9	2005/8/6	195.1	1983/9/17	128.6	2009/8/21	94.0	2011/8/11	27.5
大治河东闸	2007/10.7	249.2	2007/10.8	222.1	1995/8/20	135.5	2009/7/30	50.5	2009/7/30	17.0
大治河西闸	2009/7/31	259.2	2012/8/7	149.0	2010/7/5	92.0	2009/7/30	121.0	2009/7/30	29.6
淀浦河东闸	2010/8/31	247.5	2010/9/1	211.5	2010/9/1	151.5	2009/7/30	92.9	2009/7/2	36.5
枫围	2005/8/5	267.7	2011/8/25	136.5	2011/8/25	101.0	1987/7/12	64.6	2007/8/5	25.5
高桥	1985/8/31	465.6	1999/6/30	165.9	2009/8/2	98.5	1985/9/1	133.6	1985/9/1	29.7

站名	最大 3 d 暴雨		最大 24 h 暴雨		最大 6 h 暴雨		最大 1 h 暴雨		最大 10 min 暴雨	
	发生日期	雨量	发生日期	雨量	发生日期	雨量	发生日期	雨量	发生日期	雨量
横沥闸	1985/7/30	238.4	2009/8/1	155.5	2006/7/19	111.5	1984/8/14	82.0	2004/7/6	31.0
华田泾闸	1999/6/8	199.6	1990/8/30	160.5	1991/8/7	125.7	2011/9/9	43.0	2009/6/5	19.0
黄渡	1977/8/21	315.8	1977/8/21	309.4	1977/8/21	260.9	1991/8/7	124.9	1991/8/7	37.9
江湾	2005/8/5	278.5	2005/8/6	226.0	1991/8/7	197.4	2007/8/5	64.0	2009/8/18	27.0
金汇港南闸	2005/8/5	233.6	2005/8/6	189.9	2005/9/11	141.6	2010/9/1	73.6		
金山咀	1963/9/11	343.1	2012/6/17	144.5	2012/6/18	78.0	1990/8/10	60.8	1988/9/3	27.5
金泽	1985/7/30	211.5	1985/7/31	172.0	1985/9/14	137.7	2010/9/11	67.0	2008/5/27	18.0
塘桥	1977/8/21	591.8	1977/8/21	581.3	1977/8/21	460.0	1977/8/21	151.4	1977/8/21	32.5
练祁闸	2005/8/5	291.0	2005/8/6	242.0	1986/7/11	182.8	2007/8/3	89.0	2007/8/3	27.0
芦潮港	2005/8/5	242.7	2012/6/17	194.5	2012/6/18	102.5	2001/8/6	84.4	1991/9/11	27.2
罗店	2005/8/5	265.6	2005/8/6	211.4	1986/7/11	145.5	1979/9/16	77.2	2006/7/4	23.0
马家宅	2011/8/24	173.0	2011/8/24	169.0	2011/8/25	112.5	2010/7/5	44.0	2012/7/3	16.5
米市渡	1999/8/22	195.5	1991/9/5	190.3	1991/9/5	159.1	2010/8/25	57.5	2006/6/22	25.0
南翔	1999/6/28	231.6	1999/6/30	190.4	1991/8/7	165.2	2007/8/3	71.5	2007/8/3	24.0
青村	2005/8/5	261.7	2009/8/2	187.5	2009/8/2	153.0	1995/8/20	76.1	1999/8/30	29.8
青浦	1999/6/8	223.6	2007/10/7	151.2	2007/10/7	93.3	2009/7/30	84.3	2009/7/30	28.9
东团	1999/6/24	190.2	2005/8/6	141.6	1981/7/29	111.4	1981/7/29	95.4		

续表

站名	最大 3 d 暴雨		最大 24 h 暴雨		最大 6 h 暴雨		最大 1 h 暴雨		最大 10 min 暴雨	
	发生日期	雨量	发生日期	雨量	发生日期	雨量	发生日期	雨量	发生日期	雨量
三甲港	2005/8/5	199.9	1991/8/7	177.5	1999/9/2	163.0	2009/7/2	101.0	2012/8/13	23.0
商榻	1985/7/31	287.6	2007/10/7	169.6	2012/6/26	123.0	2010/9/11	60.5	1989/6/13	32.1
亭林	1988/9/2	263.0	1988/9/3	257.9	1988/9/3	220.5	2009/7/30	89.5	2009/7/30	26.0
望新	1985/7/30	287.0	1985/7/31	272.0	1985/8/1	114.4	2009/7/12	80.0	2009/7/12	27.5
五号沟闸	1985/8/31	329.3	1985/9/1	212.9	1985/9/1	198.9	2011/8/13	96.0	2011/8/13	28.0
杨思闸	2001/8/5	273.5	1999/6/29	160.7	2009/7/30	102.0	2009/7/30	77.0	2012/9/7	28.5
洋泾	2001/8/5	272.4	2001/8/5	238.2	2001/8/5	140.3	2010/8/25	59.0	2008/6/27	16.5
永隆沙	2009/7/31	146.0	2009/8/2	143.0	2009/9/1	91.5	2010/9/14	64.5	2010/9/14	23.0
张堰	1999/6/24	209.3	2005/8/6	154.3	1986/9/5	114.1	2009/11/9	57.5	2012/8/25	20.5
赵屯	1999/6/28	229.7	1999/6/29	191.1	2007/10/7	117.2	2011/7/31	71.0	1991/8/7	32.2
洙泾	1991/9/5	212.7	2009/8/1	137.0	2009/8/1	128.0	2009/8/15	72.0	2009/6/20	24.0
祝桥	1999/6/25	341.6	1999/9/2	209.0	1999/6/10	113.3	1991/8/7	161.5	1999/8/9	35.1

40 个站点记录,最大 3 天暴雨与最大 24 小时暴雨,在一场暴雨中同现占比 47.5%;最大 24 小时暴雨与最大 6 小时暴雨,同现占比 45%;最大 6 小时暴雨与最大 1 小时暴雨,同现占比 10%;最大 1 小时暴雨与最大 10 分钟暴雨,同现占比 32.5%。而最大 24 小时暴雨与最大 1 小时暴雨,同现记录只有 1 个,发生在非常极端的"77·8"暴雨的暴雨中心——塘桥,因此,最大 24 小时暴雨极值与最大 1 小时暴雨极值的同现概率极低。从表中的颜色区分,可以发现存在明显的分界,我们暂时称之为"1 小时分界",1 小时雨强极大的暴雨难以持续到 24 小时,这说明老子所言"骤雨不终日"是正确的。

2. 同一站年最大值的同步出现情况

每个站历史资料中不同历时的极值雨量只有一个,比较少见,而每年的年最大雨量值要小得多,年最大 24 小时雨量与年最大 1 小时雨量同现情况会多些。我们选择徐家汇气象站 1981—2013 年 10 分钟~24 小时六个历时暴雨的年最大值资料,来研究比较常见暴雨中各历时年最大值的同现概率。同样,我们将出现在同一场暴雨的数据用同一颜色表示。

表 2.2-9　徐汇站各历时暴雨年最大值及发生时间统计表　雨量单位:mm

年份	24 h 暴雨		12 h 暴雨		6 h 暴雨		3 h 暴雨		1 h 暴雨		10 min 暴雨	
	雨量	发生时间	雨量	发生时间	雨量	发生时间	雨量	发生时间	雨量	发生时间	雨量	发生时间
1981	84.6	6/28	71.2	6/29	67.5	6/29	50.7	6/29	29.9	8/10	21	8/10
1982	71.9	7/11	46.8	7/11	42.8	7/11	42.7	7/11	39.9	8/05	23.5	8/05
1983	92.6	9/16	76.7	6/25	68.1	6/25	62.6	6/25	35.8	6/25	17	6/25
1984	42.4	7/30	34.9	10/09	32.8	10/09	27.7	10/09	19.6	10/09	13.2	7/21
1985	118.6	9/01	108.9	9/01	97.2	9/01	84.4	9/01	57.7	9/01	20.3	7/26
1986	108.6	6/12	80.8	6/12	62.2	6/20	54.6	6/20	36.8	6/20	17.6	8/20
1987	103.2	7/22	100.8	7/22	74.8	8/21	50.4	8/18	50.3	8/18	18.5	7/22
1988	128.8	9/03	102.8	9/03	80.8	9/03	45.3	9/03	39	8/19	16.7	8/19
1989	97.1	4/28	70.1	4/28	51.2	7/25	46.5	8/23	40.9	8/23	20.7	6/15
1990	146.7	8/31	93.4	8/31	64.2	8/31	44.9	6/27	41.7	6/27	26.7	6/27
1991	153.3	9/05	148.9	9/05	118.2	9/05	81.5	9/05	64.8	7/26	29	8/08
1992	68.3	6/14	68.3	6/14	67.7	6/14	63.8	6/14	36.3	6/14	17.5	8/14
1993	97.1	8/02	93.6	8/02	88	8/02	73.9	8/02	56.2	7/27	16	7/18
1994	66.4	6/09	57.8	6/09	41.4	10/10	39.7	10/10	34.4	10/10	13.8	8/05
1995	122.9	7/01	112	6/24	98.2	7/02	87	6/25	42.4	8/10	28.3	8/10
1996	140.6	7/05	97.6	7/05	84.2	7/05	55.6	7/05	44.9	8/18	17.5	7/21
1997	143	7/10	98.9	7/10	79.2	7/11	55.5	7/11	36.6	7/11	21.5	8/09
1998	118.3	7/23	109.3	7/23	59.3	7/23	51	7/23	45.8	7/23	18	8/20
1999	173	6/30	118.1	6/30	88.9	6/10	65.6	6/10	49	8/14	13.7	8/14
2000	76.5	5/25	61.1	8/30	54.9	8/31	45.7	8/31	39.2	10/02	19.1	6/21

续表

年份	24 h 暴雨		12 h 暴雨		6 h 暴雨		3 h 暴雨		1 h 暴雨		10 min 暴雨	
	雨量	发生时间	雨量	发生时间	雨量	发生时间	雨量	发生时间	雨量	发生时间	雨量	发生时间
2001	251.8	8/05	231.4	8/06	155.6	8/06	129.4	8/09	84	8/09	26.5	9/05
2002	63.6	7/04	53.8	7/04	42.3	7/25	42.3	7/25	42.3	7/25	24.5	7/25
2003	64	8/17	64	8/17	64	8/17	63.6	8/17	58.5	8/02	19.5	8/02
2004	87.1	8/31	77.8	9/01	75.2	9/01	56	9/01	28.9	9/01	16	7/12
2005	230.3	8/06	202.3	8/06	155.6	8/07	103.5	8/07	64.2	9/21	29.1	9/21
2006	68.5	5/18	50.5	5/18	46.5	7/23	34.5	7/23	34.1	7/22	21.5	7/01
2007	110.4	10/07	88.5	9/18	73.5	9/18	64.9	9/18	56.3	8/11	20.7	6/23
2008	161.4	8/25	161.4	8/25	155.9	8/25	140.2	8/25	119.6	8/25	32.8	8/25
2009	98.5	8/02	94.4	7/30	93.3	7/30	91.6	7/30	75.4	7/30	18.3	7/30
2010	144.2	9/01	138.9	9/01	100	9/01	99.8	9/01	52	9/01	16	9/01
2011	103.1	6/17	60.3	6/17	56.3	6/17	41.1	6/17	35.3	6/17	23	8/27
2012	155.7	8/08	122.3	8/08	84.6	8/08	56.4	8/08	43.6	8/20	20.6	9/07
2013	192.7	10/07	136.4	10/07	87	10/08	71.4	9/13	67.1	9/13	20.6	9/13

年最大 24 小时雨量,与年最大 12 小时雨量在一场暴雨中同现的占比84.8%,与年最大 6 小时雨量同现占比 63.6%,与年最大 3 小时雨量同现占比48.5%,与年最大 1 小时雨量同现占比 24.2%。可见,年最大 24 小时雨量与年最大 3～12 小时雨量的同现概率较高;年最大 24 小时雨量与年最大 1 小时雨量的同现概率大幅降低。33 年中 24 小时雨量＞200 mm 的暴雨,与年最大1 小时雨量没有同现。

年最大值 24 小时雨量与最大 1 小时雨量同现的记录有 8 个,其中 2008年 8 月 25 日暴雨的最大 1 小时雨量超过 100 年一遇,但最大 24 小时雨量不到10 年一遇,其他 7 个记录的年最大 1 小时雨量不超过 5 年一遇,最大 24 小时雨量不超过 10 年一遇。同现记录中,1 小时雨量大的暴雨,24 小时雨量并不大,而 24 小时雨量大的暴雨,1 小时雨量并不大。因此,24 小时雨量要重点关注 3 小时、6 小时雨量对总雨量的贡献,而不是 1 小时雨量的贡献。

表 2.2-10　徐汇站年最大 1 小时雨量与年最大 24 小时雨量及重现期

序号	同现时间	年最大 1 h 暴雨		年最大 24 h 暴雨	
		雨量(mm)	重现期(a)	雨量(mm)	重现期(a)
1	19850901	57.7	4.6	118.6	3.4
2	19920614	36.3	1.5	68.3	1.1
3	19970711	36.6	1.5	143	6.0
4	19980723	45.8	2.5	118.3	3.4
5	20040831	28.9	1.0	87.1	1.6
6	20080825	119.6	120.7	161.4	9.1
7	20100901	52	3.4	144.2	6.2
8	20110617	35.3	1.4	103.1	2.4

下面我们研究 24 小时雨量中 1 小时雨量的重现期规律。

3. 年最大 24 小时降雨中最大 1 小时雨量的重现期

根据《上海市除涝能力调查评估研究》成果，上海市平均治涝能力超过 10 年一遇，因此，我们着重研究雨量 10 年一遇以上的 24 小时暴雨过程。

我们收集全市 11 区 1981—2013 年的历时 24 小时降雨资料共 274 场。将 274 个历时 24 小时暴雨过程按最大 24 小时雨量排序，其中 35 个记录的最大 24 小时雨量超过 10 年一遇，239 个记录的雨量不到 10 年一遇。

表 2.2-11　最大 24 小时雨量超过 10 年一遇的 35 个降雨记录的重现期

站点	各历时雨量的重现期(a)					各历时雨量(mm)					开始时间	结束时间
	1 h	3 h	6 h	12 h	24 h	1 h	3 h	6 h	12 h	24 h		
徐汇	3.1	24.6	69.8	131.8	73.6	50	119	174	231.4	251.8	2001/8/5	2001/8/6
松江	1.6	6.5	14.8	41.6	61.7	37.3	85.3	127.2	189.6	244.2	2013/10/6	2013/10/8
宝山	0.6	1.3	2.3	12.5	52.7	20	44.5	71.2	146.1	237.3	2013/10/6	2013/10/8
徐汇	1.9	9.4	25.8	48.5	46.6	40.7	94.7	143.9	195.2	232	2005/8/5	2005/8/8
嘉定	0.7	1.6	2.4	8.0	45.1	20.7	49.3	71.7	129.7	230.6	2013/10/6	2013/10/8
浦东	1.0	4.7	9.6	26.4	41.0	29.3	77	114.1	173.1	226.4	2005/8/5	2005/8/8
浦东	1.6	8.2	22.4	25.0	31.9	37.2	91.2	139.6	171.2	215.6	2001/8/5	2001/8/6

续表

站点	各历时雨量的重现期(a)					各历时雨量(mm)					开始时间	结束时间
	1 h	3 h	6 h	12 h	24 h	1 h	3 h	6 h	12 h	24 h		
嘉定	3.9	15.6	21.7	30.7	31.8	54.5	107.4	138.7	178.6	215.4	2012/8/7	2012/8/9
崇明	1.3	1.6	2.0	6.2	29.3	33.8	50.2	66.1	120.9	211.9	2013/10/6	2013/10/8
宝山	1.0	2.8	4.8	8.1	28.7	28.3	64.2	93.2	130.4	211	2005/8/5	2005/8/8
闵行	1.1	3.6	9.8	11.2	23.2	30	70.1	114.6	142.1	201.7	2013/10/6	2013/10/8
青浦	0.8	2.3	4.5	11.0	23.2	25.5	59	91.4	141.3	201.7	2013/10/6	2013/10/8
嘉定	0.8	2.7	4.0	8.8	19.2	24.1	63.5	87.6	133.5	193.5	2005/8/5	2005/8/8
松江	0.9	3.7	3.5	13.7	18.4	26.1	71.2	83.4	149.3	191.8	1985/7/31	1985/8/1
奉贤	4.0	5.6	3.4	18.2	18.2	54.7	81.5	82.7	159.7	191.2	1988/9/2	1988/9/4
徐汇	0.6	1.9	3.9	7.4	17.8	18.9	53.7	86.8	127.2	190.3	2013/10/6	2013/10/8
南汇	1.2	2.8	4.5	14.5	17.1	32.1	64.1	91.4	151.4	188.6	2005/8/5	2005/8/8
青浦	1.8	3.1	3.6	15.6	16.4	40.2	66.6	84.4	154.2	186.8	1990/8/30	1990/9/1
崇明	2.5	6.3	9.6	6.0	14.0	46.1	84.5	113.9	119.3	179.9	2002/8/15	2002/8/18
嘉定	0.6	0.8	1.7	5.7	13.9	17.3	33.8	61.5	117.6	179.6	1999/6/29	1999/7/1
南汇	4.7	9.7	11.0	7.8	13.6	58	95.6	118.2	129.2	178.6	1997/7/10	1997/7/11
浦东	1.1	2.6	5.2	7.0	13.1	30.8	62.2	95.4	124.9	176.9	2013/10/6	2013/10/8
金山	2.4	4.9	4.9	8.8	13.0	45.1	78.3	93.8	133.5	176.8	2012/6/17	2012/6/18
浦东	0.7	1.1	1.7	4.3	12.6	22.3	41.3	62.4	107.3	175.2	1999/6/29	1999/7/1
奉贤	1.0	4.0	8.0	14.1	12.4	28.3	73.1	108.4	150.4	174.6	2005/8/5	2005/8/8
宝山	1.3	1.6	2.7	7.0	12.1	32.9	49.8	75.1	125.1	173.4	2001/8/5	2001/8/6
松江	16.1	15.9	18.2	22.4	11.8	81.4	107.9	133.3	167.2	172.5	1988/9/2	1988/9/4
嘉定	0.7	1.8	3.5	6.8	11.8	23	52.6	83.7	123.9	172.4	1985/7/31	1985/8/1
徐汇	0.7	1.5	2.7	4.6	11.6	23.1	47.8	75.9	110	171.8	1999/6/29	1999/7/1
金山	0.8	3.0	8.8	12.2	11.5	23.8	65.8	111.5	145.3	171.5	2005/8/5	2005/8/8
浦东	1.3	6.9	9.4	10.5	11.5	33.8	87	113.5	139.9	171.4	2012/8/7	2012/8/9

站点	各历时雨量的重现期(a)					各历时雨量(mm)					开始时间	结束时间
	1 h	3 h	6 h	12 h	24 h	1 h	3 h	6 h	12 h	24 h		
闵行	0.9	3.0	6.3	9.9	10.9	26.9	66.1	101.1	137.6	168.9	2005/8/5	2005/8/8
青浦	2.1	7.4	7.6	7.6	10.8	42.5	88.6	107	128.3	168.7	2007/10/7	2007/10/9
松江	1.1	4.6	6.2	10.7	10.6	30.3	76.7	100.8	140.2	167.9	2012/8/7	2012/8/9
金山	0.8	1.4	3.0	5.2	10.0	24.9	46.1	79	114.2	165.2	1985/7/31	1985/8/1

35 个记录中没有出现最大 1 小时雨量与最大 24 小时雨量同频的记录,其他时段雨量也没有同频记录,而 20 年一遇以上最大 24 小时降雨中最大 1 小时雨量重现期不超过 4 年一遇。本市发生在 2005 年、2013 年、1999 年的三次大面积涝灾中,最大 1 小时雨量重现期不超过 2 年一遇,各时段雨量也没有出现同频记录。

综上所述,上海的除涝标准不必采用同频法来设计雨型。

2.2.6 点雨量与面雨量频率计算

由于全国各地暴雨灾害频发,社会各界对暴雨重现期异常关注,并对频繁出现百年一遇暴雨表示疑惑。2022 年 7 月,有这样一则新闻:"内涝信息发布就该与'×年一遇'说拜拜——近日,住房和城乡建设部、国家发展和改革委员会、中国气象局三部门联合发布关于进一步规范城市内涝防治信息发布等有关工作的通知,进一步贯彻落实《国务院办公厅关于加强城市内涝治理的实施意见》要求,推动及时准确发布气象预警预报等信息,规范城市排水防涝相关标准表述,增强公众防灾避险意识。其中明确要求各级住建等主管部门在确定和发布本地区雨水管渠设计标准、内涝防治标准时,要将'×年一遇'等简单表述转换为单位时间内的降水量。"在此,我们对相关疑惑、误解或表述方式作简要的分析。

(1)住建部门 2014 年开始提出的"内涝防治"概念与传统水利的"内涝"有所不同。住建部门主要侧重于将地面雨水排入河网,以《室外排水设计规范》来指引,研究的是短历时暴雨;水利部门主要侧重于将涝水进行调蓄、外排,以免河网水位高于地面而受淹,以《治涝标准》来指引,研究的是长历时暴雨。

(2)每个雨量站点都会监测到百年一遇暴雨,短时间内两个相近站点遇到稀有暴雨是可能的。2005 年 8 月 25 日,徐家汇遭遇百年一遇暴雨(最大 1

小时雨量 119.6 mm),8 年后的 2013 年 9 月 13 日,陆家嘴遭遇百年一遇暴雨(最大 1 小时雨量 127.3 mm),这是两个不同站点年最大 1 小时雨量系列资料的频率计算结果,分别反映这两个雨量在各自系列中出现的概率。因此,不必因为 8 年时间内遭遇两次百年一遇暴雨,而怀疑上海"百年一遇"暴雨概念的可靠性。

(3) 在强人工干扰下,短时间内同一个站点连续出现稀有频率的最高水位,也是有可能的。米市渡水位站 1984 年计算的万年一遇最高水位为 4.26 m,但 13 年后的"9711"号台风期间最高水位达 4.27 m;2004 年计算的万年一遇最高水位为 4.80 m,但 17 年后的"烟花"台风期间最高水位达 4.79 m。根据有关规范要求,水文频率计算需要 30 年以上系列资料,以及保证资料的一致性、可靠性和代表性。水位频率分布曲线比较平坦,万年一遇、千年一遇、百年一遇的绝对差值并不大,一旦水利工程情况、运行调度方案发生了很大变化,人工干扰增强,同样的暴雨和潮汐强度,产生的最高水位会有较大的差异。近 30 年来,米市渡水位受到上游洪水下泄强度加大、涝水外排强度加大等多重因素叠加作用,破坏了产生最高水位的一致性条件,最高水位发生剧烈变化也是情理之中的事。如果是海域中的潮位站点,属纯自然状态,短时间内同一个站点连续出现稀有频率的最高水位可能性不大。

(4) 我们再来说说暴雨频率如何表述。我国幅员辽阔,同样一场 1 小时雨量 15 mm 的降雨,对上海而言是十分平常的"中到大雨",但对干旱少雨地区可能是足以造成水灾的"罕见暴雨"。如果与国内外城市的相关标准做比较,只有雨量数值,没有频率概念作支撑,就没办法说清这个雨量背后所提示的风险程度;只有频率概念,没有数值作支撑,就没办法估计这个雨量所对应的工程代价。因此,我们的建议是"×年一遇"和"单位时间降水量"要同时表达。

频率计算是水文学的一项重要技术,作为技术人员,我们需要把频率(或重现期)和数值两个概念都完整地展示,这样大家就可以全面了解、各取所需了。

1. 点雨量频率计算

频率计算通常有 P-Ⅲ型分布、耿贝尔分布、指数分布三种适线方法,这三种方法用于暴雨频率分析,有适应性,也有局限性。P-Ⅲ型分布适用于"年最大值"法选样,在暴雨计算中应用最为广泛;耿贝尔分布适用于"年最大值"法选样,但对含稀遇重现期的暴雨频率计算误差较大;指数分布适用于"年多个值"法选样,对暴雨重现期较低的暴雨频率计算有较好适应性,对稀遇重现期的设计暴雨推求存在较大误差。2014 年我们开发的"频率适线统计分析软件"

对这三种适线方法进行评价的结果是:对于本市的暴雨计算,P-Ⅲ型分布优于其他两种分布,《中国暴雨参数统计图集》也推荐使用这种适线方法。

我们用各区1981—2013年降雨系列资料,开展了年最大1小时~24小时雨量频率计算,适线情况非常理想。由于2013年至今的10年中1小时~24小时的年最大雨量都没有出现特大值,经检验,这10年数据加入后基本不会影响频率计算结果,因此,沿用以前的研究成果仍然可靠,不必重新计算。

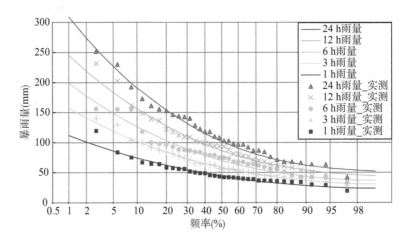

图 2.2-11 徐家汇站最大 1 小时~24 小时降雨量频率曲线

(1)上海各区 1 小时降雨量频率分析成果

全市多年平均最大 1 小时雨量 45.9 mm,松江 49.7 mm,浦东 48.9 mm,徐家汇 48.6 mm,其他区均低于徐家汇站。

各区年最大 1 小时暴雨发生在 2013 年 9 月 13 日,暴雨中心的浦东陆家嘴站,雨量 130.7 mm,第二位发生在 2005 年 8 月 25 日,暴雨中心的徐家汇站,雨量 119.6 mm,这两场暴雨分别造成陆家嘴、徐家汇等地区道路积水、交通中断。

表 2.2-12 各区气象站 1 小时雨量频率分析成果表　　　　单位:mm

重现期	徐汇	浦东	宝山	嘉定	闵行	南汇	松江	青浦	奉贤	金山	崇明	平均
最大值	119.6	130.7	78.5	102.5	80.7	78.8	82.4	105.1	94.7	77.1	96.2	95.1
最小值	19.6	15.5	22.2	28.3	19.5	24.0	22.2	22.0	18.9	18.9	19.9	21.0
均值	48.6	48.9	43.8	47.9	45.6	46.6	49.7	42.3	45.0	43.3	42.8	45.9
100a	112.1	119.1	90.0	106.6	93.2	93.2	101.7	89.1	103.9	87.9	90.3	98.8

续表

重现期	徐汇	浦东	宝山	嘉定	闵行	南汇	松江	青浦	奉贤	金山	崇明	平均
50a	101.2	106.7	82.3	96.6	85.3	85.6	93.1	81.3	93.7	80.5	82.4	89.9
30a	92.9	97.5	76.5	89.0	79.4	79.8	86.6	75.4	86.1	75.0	76.4	83.1
20a	86.2	90.0	71.8	82.9	74.6	75.1	81.4	70.6	79.9	70.5	71.5	77.7
10a	74.6	77.0	63.5	72.2	66.0	66.7	72.0	62.1	69.1	62.4	62.9	68.0
5a	62.3	63.5	54.6	60.9	56.8	57.7	61.9	53.1	57.7	53.8	53.8	57.8
3a	52.6	52.9	47.4	51.9	49.3	50.2	53.8	45.8	48.7	46.9	46.4	49.6
2a	44.2	43.9	40.9	44.0	42.7	43.9	46.5	39.3	40.9	40.6	39.9	42.4

（2）上海各区 3 小时降雨量频率分析成果

全市多年平均最大 3 小时雨量 61.6 mm，浦东 69.6 mm，徐家汇 64.8 mm，其他区均低于徐家汇站。

各区年最大 3 小时暴雨发生在 2001 年 7 月 6 日嘉定站，总历时约 7 小时，最大 3 小时逐时雨量为 85.6 mm、70.6 mm、20.6 mm，其后 4 小时雨量很小，分别为 8.7 mm、1.0 mm、0.8 mm、1.1 mm。这场暴雨最大 3 小时雨量已超过百年一遇，城区有 9 条马路积水 0.2～0.5 m，有数百户居民家中进水。

表 2.2-13　各区气象站 3 小时雨量频率分析成果表　　　单位：mm

重现期	徐汇	浦东	宝山	嘉定	闵行	南汇	松江	青浦	奉贤	金山	崇明	平均
最大值	140.2	141.2	100.8	176.8	105.5	110.1	110.3	114.7	120.7	119.3	115.9	123.2
最小值	27.7	28.9	30.3	37.2	27.6	32.5	27.5	31.3	22.8	28.2	32.7	29.7
均值	64.8	69.6	59.0	63.9	60.3	59.8	63.6	55.6	62.0	60.2	59.3	61.6
100a	157.6	169.4	122.1	147.4	124.7	122.2	141.7	117.2	143.1	126.9	125.0	136.1
50a	141.2	151.8	111.7	133.0	114.0	111.9	128.7	106.9	129.3	115.8	114.0	123.4
30a	129.0	138.6	103.8	122.1	105.9	104.1	118.4	99.2	118.6	107.4	105.7	113.9
20a	119.1	128.0	97.3	113.4	99.4	97.8	110.3	92.9	110.1	100.5	99.0	106.2
10a	101.9	109.5	85.9	98.0	87.7	86.5	96.0	81.7	95.1	88.4	87.1	92.5
5a	84.0	90.3	73.8	81.9	75.3	74.5	80.9	69.8	79.5	75.6	74.4	78.2

续表

重现期	徐汇	浦东	宝山	嘉定	闵行	南汇	松江	青浦	奉贤	金山	崇明	平均
3a	70.0	75.3	63.9	69.1	65.3	64.7	68.9	60.2	67.1	65.2	64.2	66.7
2a	58.1	62.4	55.1	58.1	56.3	56.0	58.4	51.7	56.4	56.0	55.2	56.7

（3）上海各区6小时降雨量频率分析成果

全市多年平均最大6小时雨量74.0 mm，浦东82.7 mm，徐家汇79.1 mm，其他区均低于徐家汇站。

各区年最大6小时暴雨发生在1985年9月1日浦东，浦东陆家嘴站最大6小时连续雨量为38.9 mm、89.1 mm、8.7 mm、17.4 mm、56.4 mm、4.5 mm，最大6小时雨量已超过百年一遇。这场暴雨的中心在川沙，川沙气象站最大1小时雨量108.8 mm，高桥水文站实测总雨量高达459.6 mm，市区道路大面积积水，有些路段水深达0.7~0.8 m，不少工厂、仓库、商店和住房进水，郊区受淹农田5.3万亩。

表2.2-14　各区气象站6小时雨量频率分析成果表　　　单位：mm

重现期	徐汇	浦东	宝山	嘉定	闵行	南汇	松江	青浦	奉贤	金山	崇明	平均
最大值	155.9	215.0	119.3	187.4	142.7	120.4	167.0	116.3	131.8	152.8	131.0	149.1
最小值	32.8	37.4	30.4	37.8	33.0	32.5	35.0	35.0	26.8	36.4	44.2	34.7
均值	79.1	82.7	70.4	75.0	73.5	70.3	74.9	66.7	73.8	73.0	74.8	74.0
100a	199.3	208.2	156.7	179.3	152.0	148.2	185.4	148.5	176.4	162.6	160.6	170.6
50a	177.8	185.7	142.0	161.0	139.0	135.2	165.8	134.5	158.4	147.3	146.1	153.9
30a	161.8	169.0	130.9	147.3	129.1	125.4	151.1	124.0	144.9	135.8	135.3	141.3
20a	148.9	155.6	121.3	136.3	121.3	117.4	139.4	115.5	134.1	126.5	126.4	131.2
10a	126.5	132.2	106.2	117.0	106.9	103.3	118.8	100.6	115.1	110.1	110.9	113.4
5a	103.3	107.9	89.5	96.9	91.8	88.2	97.5	84.8	95.3	92.8	94.3	94.8
3a	85.4	89.2	76.2	81.1	79.6	76.2	80.9	72.2	79.8	79.1	81.0	80.1
2a	70.2	73.3	64.6	67.4	68.6	65.4	66.8	61.2	66.5	67.0	69.3	67.3

（4）上海各区12小时降雨量频率分析成果

全市多年平均最大12小时雨量88.8 mm，徐家汇为97.5 mm，其他区均低于徐家汇站。

各区年最大 12 小时暴雨发生在 2001 年 8 月 5 日徐家汇,也就是上海"01·8"连续大暴雨。第一场暴雨的总历时 12 小时多,最大 12 小时雨量 231.4 mm。这场暴雨虽然最大 1 小时雨量只有 50 mm,约 3 年一遇,但是最大 3 小时雨量 119 mm 约 20 年一遇,最大 6 小时雨量 174 mm 接近 50 年一遇,最大 12 小时雨量 231.4 mm 接近百年一遇。中心城区河水暴涨、泵站停机、道路积水严重,孙桥、周浦、康桥、祝桥等地区产生涝灾。

最大 12 小时雨量接近百年一遇的根本原因不是 1 小时雨量特别大,而是 12 小时降雨中有 5 小时雨量在 31~50 mm/h,这种雨型也比较特殊,对雨水排水系统和河道的压力都比较大。即使是雨水排水标准已经达到 1 年一遇标准(1 小时雨量 36 mm),按径流系数 0.65 设计雨水管道及雨水泵站,每小时能排入河道的净雨量只有 23.4 mm,超过部分成为道路、街坊的积水。在涨潮关闸的 6 小时期间,如果总雨量大,河道无法在几个小时内容纳大量雨水,就会造成河水暴涨、雨水泵站停机。

表 2.2-15　各区气象站 12 小时雨量频率分析成果表　　　单位:mm

重现期	徐汇	浦东	宝山	嘉定	闵行	南汇	松江	青浦	奉贤	金山	崇明	平均
最大值	231.4	215.0	146.9	195.5	161.8	169.0	191.8	154.3	171.8	212.6	147.2	181.6
最小值	34.9	41.2	39.3	44.3	43.6	40.2	39.3	37.2	37.4	49.8	48.8	41.5
均值	97.5	95.3	87.6	92.0	86.8	84.7	88.5	80.4	88.9	86.1	88.6	88.8
100a	245.5	239.9	202.3	223.8	183.0	181.9	225.9	185.6	212.6	198.8	193.7	208.5
50a	219.1	214.1	182.5	200.6	167.0	165.5	201.2	167.4	190.9	179.3	175.9	187.6
30a	199.3	194.8	167.6	183.2	154.9	153.2	182.8	153.7	174.7	164.7	162.5	171.9
20a	183.5	179.3	155.6	169.2	145.0	143.2	168.0	142.7	161.6	152.9	151.6	159.3
10a	155.9	152.3	134.5	144.7	127.6	125.6	142.3	123.4	138.7	132.1	132.6	137.2
5a	127.3	124.4	112.4	119.3	109.0	106.8	115.8	103.1	114.9	110.4	112.2	114.1
3a	105.2	102.8	94.9	99.4	94.1	91.8	95.4	87.1	96.2	93.2	96.0	96.0
2a	86.5	84.5	79.7	82.5	80.8	78.5	78.2	73.1	80.1	78.3	81.7	80.4

(5)上海各区 24 小时降雨量频率分析成果

全市多年平均最大 24 小时雨量 108.1 mm,徐家汇为 116.8 mm,其他区均低于徐家汇站。

各区年最大 24 小时暴雨记录发生在 2001 年 8 月 5 日徐家汇的"01·8"

连续大暴雨的第1天。8月5日—9日,徐家汇站的5日总雨量达480 mm,这是十分罕见的连续暴雨,最大24小时雨量251.8 mm,约30年一遇。其中,最大12小时雨量231.4 mm,占24小时雨量的92%,这场暴雨不仅总雨量大,而且日雨量也大,造成了中心城区和孙桥、周浦、康桥、祝桥较严重的涝灾。

2005年8月6日"麦莎"台风暴雨期间,全市普降大暴雨,局部特大暴雨,南汇周浦、芦潮港,奉贤青村,以及普陀、徐汇、长宁、虹口的降雨量都超过了200 mm,周浦雨量最大,日雨量达292 mm,造成了全市性涝灾。

2013年10月7日"菲特"台风暴雨期间,浙江余姚、宁波和杭嘉湖部分地区降雨达400～600 mm,上海实测最大累计雨量为松江工业区372.8 mm,最大24小时雨量为332 mm,金山、松江、青浦、嘉定等西部地区的涝灾较严重。

表 2.2-16　各区气象站24小时雨量频率分析成果表　　　　单位:mm

重现期	徐汇	浦东	宝山	嘉定	闵行	南汇	松江	青浦	奉贤	金山	崇明	平均
最大值	251.8	231.0	237.5	232.3	201.9	208.6	244.2	204.0	191.2	214.5	212.5	220.9
最小值	42.4	50.0	49.8	44.4	50.8	47.1	41.6	38.3	39.2	50.2	49.2	45.7
均值	116.8	114.0	110.9	113.3	107.0	107.6	104.8	97.1	106.4	105.2	106.1	108.1
100a	309.4	302.0	279.4	277.0	229.8	239.8	277.3	236.2	258.2	251.5	244.9	264.2
50a	274.3	267.7	249.2	248.0	209.2	217.3	246.0	211.6	231.2	225.9	220.9	236.5
30a	248.2	242.3	226.8	226.4	193.6	200.3	222.6	193.3	211.8	206.6	202.9	215.9
20a	227.3	221.9	208.8	209.0	181.0	186.6	203.9	178.5	195.6	191.2	188.3	199.3
10a	191.1	186.6	177.3	178.6	158.7	162.4	171.4	152.7	167.3	164.1	162.8	170.3
5a	154.0	150.3	144.8	147.1	135.0	136.9	138.1	125.8	137.9	135.9	136.0	140.2
3a	125.6	122.6	119.7	122.5	116.0	116.6	112.7	104.5	115.0	113.8	114.9	116.7
2a	102.0	99.5	98.4	101.4	99.2	98.8	91.4	87.0	95.3	94.8	96.5	96.8

（6）上海各区1小时～24小时降雨量比较

根据1981—2013年各区气象站1小时～24小时雨量资料统计,全市平均最大1小时、3小时、6小时、12小时、24小时雨量分别为45.9 mm、61.6 mm、74.0 mm、88.8 mm、108.1 mm,五个历时雨量的极大值约为平均值的两倍,极小值约为平均值的一半。

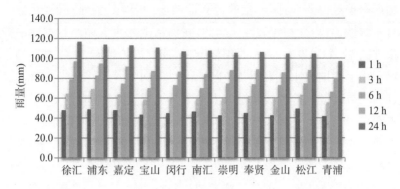

图 2.2-12　各区多年平均最大 1 小时～24 小时雨量

1981—2013 年的 33 年中,各区出现 1 小时雨量极大值为 77.1～130.7 mm,全市平均极值为 95.1 mm。目前,上海市 85.6‰雨水排水系统的设计标准为 1 年一遇,其最大 1 小时雨量为 36 mm,小于全市多年平均 1 小时雨量值 45.9 mm,可见,1 年一遇雨水排水标准偏低。各区出现 24 小时雨量极大值为 191.2～251.8 mm,全市平均极大值为 220.9 mm。原除涝规划采用 20 年一遇最大 24 小时面雨量为 178.07～211.27 mm,与近 33 年的各区最大 24 小时点雨量极值的较大值基本相当,而 24 小时点雨量超 200 mm 的暴雨次数并不多。根据水利部门的暴雨等级标准,24 小时雨量超过 250 mm 即为特大暴雨,可见,上海市 20 年一遇最大 24 小时面雨量的除涝标准并不低。

我们在 1 小时～24 小时频率计算成果的统计分析中,特意研究了每个历时暴雨极值对区域除涝的影响,发现这些极值暴雨的 1 小时雨量为 130.7 mm、3 小时雨量为 176.8 mm、6 小时雨量为 215.0 mm、12 小时雨量为 231.4 mm、24 小时雨量为 251.8 mm,历时越短雨强越大。3 小时以内的短历时大暴雨会造成道路积水、交通中断等灾害,一般不会造成河网水位大幅度上升而淹没农田的灾害。而 6 小时以上的中长历时大暴雨、特大暴雨,不仅会造成道路积水、交通中断等灾害,也会形成区域性涝灾,其中 24 小时大暴雨和特大暴雨笼罩范围大,最容易造成区域性涝灾。因此,我们制定区域除涝标准必须在点雨量分析的基础上,深入研究 24 小时面雨量的规律。

2. 面雨量频率计算

从大量统计分析可知,短历时局部暴雨一般不易引起区域性涝灾,因此,上海市区域除涝通常以水利片为单元计算面雨量。由于浦东片范围很大,南、北区域的暴雨有些差别,因此,遵照原来 14 个水利片最大 24 小时面雨量计算划分的范围,以川杨河为界,将浦东片分为浦东南、浦东北两个区域分别统计。

根据有关规范要求,面雨量的计算需要 30 年以上系列资料,并且要求资料具有一致性、可靠性和代表性。为此,我们从上海水文站网数据库中筛选出符合条件的 47 个站最大 24 小时雨量资料,其中近一半有 30 年以上的年限长度。再利用上海国家水文数据库、上海最大 24 小时暴雨图集的资料,通过相关法、同频率插补法、等值线图法等方法来补充最大 24 小时雨量资料长度,使各站点雨量资料长度一致。然后,对所有暴雨资料都进行可靠性审查,重点审查特大或特小雨量观测的真实性,以及资料的错记、漏测等情况,使 47 个站的暴雨资料系列统一为 55 年(1959—2013 年)。再采用泰森多边形法计算各水利片 55 年最大 24 小时面雨量计算系列。同时,对"77·8"暴雨考证了暴雨重现期,并作特大值处理和移置。最终,计算经验频率,选择 P-Ⅲ型分布进行频率曲线的适线,得到上海市各水利片年最大 24 小时面雨量计算成果,作为上海市除涝规划面雨量取值的依据。

例如:嘉宝北片,面积约 698 km^2,选用吴淞(蕰)、蕰东闸、练祁、罗店、黄渡、南翔、望新、横沥等 8 个雨量站,约 87 km^2 一个雨量站。通过泰森多边形法计算相应面雨量,实测样本系列面雨量排列在前三位的依次为 1977 年 418.7 mm,2013 年 212.6 mm,1960 年 163.3 mm。系列计算均值 $\bar{x}=100.0$ mm,变差系数 $Cv=0.52,Cs=3.5Cv$。

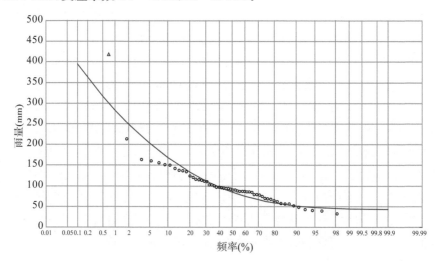

图 2.2-13 嘉宝北片年最大 24 小时降雨量频率曲线图

其他各水利片用相同的方法逐片进行频率计算分析。14 个水利片 24 小时面雨量的均值为 88~103 mm,Cv 值为 0.5~0.54,$Cs=3.5Cv$,20 年一遇的最大 24 小时面雨量为 180.6~207.1 mm,详见表 2.2-17,这个成果与 1989

年的计算成果变化不大。

为了方便记忆和大致建立各重现期面雨量差值相对概念,我们按取"整五""整十"的办法得到全市最大 24 小时面雨量的加权平均值:100 年一遇 275 mm,50 年一遇 240 mm,20 年一遇 200 mm,10 年一遇 165 mm,5 年一遇 130 mm,各重现期之间雨量的差值分别为 35 mm、40 mm、35 mm、35 mm,大致呈"重现期变化一倍,雨量变化约 35 mm"的规律。

表 2.2-17　各水利片年最大 24 小时面雨量计算成果表

雨量单位:mm

| 序号 | 水利片 | 频率%(重现期) | | | | | |
		1%(100)	2%(50)	3.3%(30)	5%(20)	10%(10)	20%(5)
1	浦东北	281.8	248.8	223.2	204.8	171	136.6
	浦东南	279.1	245.7	222.5	201.1	167.1	132.1
2	嘉宝北	282.7	248.5	222.5	203.1	168.5	133.2
3	蕴南	286.7	253.1	224.5	207.1	171.9	136.1
4	淀北	282.6	249.3	223.2	204.8	170.7	135.9
5	淀南	273.6	241.6	218.3	198.9	166.1	132.6
6	青松	267.9	235.7	213.1	192.9	160.1	126.8
7	浦南东	271.4	237.7	218.1	192.9	158.8	124.5
8	浦南西	268.5	235.1	213.5	190.5	157.1	123.1
9	太北	252.5	221.6	200.3	180.6	149.3	117.6
10	太南	252.5	221.6	200.3	180.6	149.3	117.6
11	商榻	252.5	221.6	200.3	180.6	149.3	117.6
12	崇明岛	270.9	239.2	217.1	196.9	164.4	131.3
13	长兴岛	273.6	241.6	219.3	198.9	166.1	132.6
14	横沙岛	273.6	241.6	219.3	198.9	166.1	132.6
全市加权平均值		274.8	241.9	218.8	198.1	164.6	130.4
取整五整十的值		275	240	220	200	165	130

2.2.7　暴雨衰减规律及暴雨强度公式、暴雨重现期公式

1. 暴雨强度衰减规律与暴雨强度衰减指数

暴雨强度衰减是暴雨强度随着历时延长而减弱的现象。暴雨强度衰减指

数(亦称暴雨强度递减指数,或简称为暴雨衰减指数)是反映不同历时之间暴雨强度衰减程度的指标。

苏联广泛采用暴雨公式 $i = \dfrac{A}{t^n}$ 表达一定频率下平均暴雨强度与暴雨历时的关系,式中,i 为某频率下,历时为 t 的暴雨平均强度(mm/h);A 为 1 h 最大点雨量(mm);t 为暴雨历时(h);n 为暴雨强度衰减指数。我们将暴雨强度 i 转化为雨量 H(mm),就可以推导得到暴雨强度衰减指数 n 的计算式为:$n = 1 - \dfrac{\lg(H_2/H_1)}{\lg(t_2/t_1)}$,并根据不同历时的暴雨量系列数据计算出暴雨强度衰减指数。

我们应用徐家汇 1949—2013 年长达 65 年系列资料的 5 分钟~90 分钟之间 8 个历时,以及 2 小时~24 小时之间 6 个历时的雨量开展暴雨衰减指数相关研究,结果表明:暴雨强度—历时曲线中折点时间 t_0 为 1 小时,6 小时没有明显转折点。

表 2.2-18　上海市徐家汇站暴雨衰减指数计算表

频率(%)	暴雨量(mm)				暴雨强度衰减指数		
	0.166 7 h	1 h(即 A)	6 h	24 h	n_1	n_2	n_3
1	35.02	115.24	186.48	258.88	0.34	0.73	0.76
2	32.48	102.82	165.79	231.62	0.36	0.73	0.76
5	28.97	86.11	138.03	194.88	0.39	0.74	0.75
10	26.13	73.16	116.57	166.30	0.43	0.74	0.74
20	23.04	59.75	94.48	136.63	0.47	0.74	0.73
50	18.14	40.60	63.26	93.90	0.55	0.75	0.72

根据暴雨强度衰减指数计算结果,频率从 1% 增加到 50%,n_1 值在 0.34~0.55 之间变动,n_2 值在 0.73~0.75 之间变动,n_3 值在 0.76~0.72 之间变动。n_2 与 n_3 随频率变化的幅度都很小,值也很接近,不同频率的 n_2 与 n_3 平均值约为 0.74。从雨强与历时双对数关系曲线图中可以清楚看到:这组曲线在 1 小时~24 小时几乎是相互平行的,但 1 小时以内并不平行。因此,可以确定上海市历时 1 小时~24 小时的暴雨衰减指数是常数,约为 0.74,与重现期变化无关,而历时 1 小时以内的暴雨衰减指数不是常数,重现期越大,衰减指数越小。

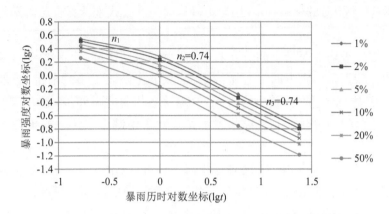

图 2.2-14　徐家汇站各频率雨强与历时关系曲线(双对数坐标)

历时 1 小时以内的暴雨衰减指数较小,说明短历时暴雨的持续性较强,可能 10 分钟暴雨强度连续持续 1 小时,以致出现稀有短历时强暴雨。历时 1 小时以上的暴雨衰减指数较大,说明长历时暴雨的强度持续性较差,1 小时雨强可能持续 3～5 小时,但稀有的 24 小时大暴雨中,再同频出现 1 小时暴雨的机会不大。

《工程水文学》等教科书中提到:"不同频率的雨强与历时的关系曲线在双对数纸上为一组几乎平行的带折点的直线段。"但我们研究发现,10 分钟～1 小时之间,不同频率的雨强与历时关系曲线在双对数纸上不是平行线。暴雨衰减指数 n_1 不是常数,重现期越大,暴雨衰减指数 n_1 值越小,且变化较大。

为搞清楚其中的机理,我们深入研究了各历时暴雨年最大值的统计参数。结果发现,历时 24 小时～60 分钟暴雨的 C_v 值从 0.47 减至 0.45,历时缩短 24 倍,数值离散程度相似;而历时 60 分钟～5 分钟暴雨的 C_v 值从 0.45 减至 0.27,历时缩短 12 倍,数值离散程度却迅速减小。也就是说,1 小时以内暴雨,随着历时缩短,统计样本值的波动迅速变小,因此,历时越短,随着暴雨重现期增加,暴雨强度变化幅度越小。这就解释了 10 分钟～1 小时暴雨重现期越大、暴雨衰减指数 n_1 值越小,以及强度—历时曲线不平行现象。这个发现揭示了历时 1 小时以内的暴雨与历时 1 小时以上的暴雨完全不同的衰减规律,有助于指导我们正确选择暴雨样本的历时区间,以编制高精度的暴雨公式。

2. 上海市长历时暴雨公式和暴雨重现期公式

上海市短历时暴雨强度公式为 $i = \dfrac{9.581 + 8.106 \lg T}{(t+7)^{0.656}}$,选用 5 分钟～180

分钟共 11 个历时的暴雨样本,用短历时暴雨强度公式来计算长历时暴雨误差较大。

从多年平均暴雨量空间分布看,呈现沿海大于内陆、市区大于郊区的特征。以徐家汇站为代表的中心城区雨量,除了比松江 1 小时雨量、浦东 1 小时~6 小时雨量略低外,其余均高于全市各区各历时的雨量,因此,徐家汇站可以作为上海的雨量代表站。以徐家汇站资料来编制全市统一暴雨公式是安全、可靠的。

经过努力,我们成功研究编制了上海市长历时暴雨公式,具体方法如下。

基于徐家汇站 1949—2013 年 65 年长系列资料的点雨量频率计算和暴雨衰减规律研究,我们确定了上海市 1 小时~24 小时暴雨的衰减指数 n 为 0.74,这个指数不随频率(重现期)的变化而变化。因此,我们舍弃 1 小时以内的暴雨样本,来研究符合暴雨衰减规律的高精度长历时暴雨强度公式。

上节计算得到了各频率的 1 小时最大点雨量 A(见表 2.2-18),我们应用苏联 $i = \dfrac{A}{t^n}$ 暴雨公式样式,可以得到单一重现期(或频率)的暴雨强度公式:

2 年一遇公式 $i = \dfrac{40.60}{t^{0.74}}$、5 年一遇公式 $i = \dfrac{59.75}{t^{0.74}}$、10 年一遇公式 $i = \dfrac{73.16}{t^{0.74}}$、

20 年一遇公式 $i = \dfrac{86.11}{t^{0.74}}$、50 年一遇公式 $i = \dfrac{102.82}{t^{0.74}}$、100 年一遇公式 $i =$

$\dfrac{115.24}{t^{0.74}}$。

中国与苏联常用雨力公式为 $A = A_1 + C \lg T$,因此,我们将不同重现期 T 所对应的雨力 A(1 小时雨量)数据用最小二乘法拟合,得到:$A = 43.707 \lg T + 28.621$。

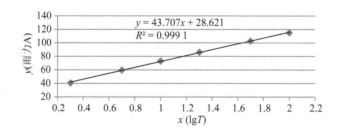

图 2.2-15 雨力 A 与 $\lg T$ 关系曲线(T 为重现期)

因此,我们可以将几个单一重现期的暴雨强度公式统一为综合重现期的

公式 $i = \dfrac{28.621 + 43.707 \lg T}{t^{0.74}}$ (mm/h)。为方便计算雨量,我们在上海市《治涝标准》(DB31/T 1121—2018)中将上海市长历时暴雨强度公式转化为雨量公式 $H = (28.621 + 43.707 \lg T) \times t^{0.26}$ (mm)。

这个公式可以计算 1 小时~24 小时任意历时,2 年一遇~100 年一遇任意重现期的雨量。公式在计算历时 1 小时~6 小时雨量的误差为 0.1~3.3 mm,历时 12 小时~24 小时雨量误差也只有 0.3~6.3 mm,全部历时、全部重现期的相对误差均小于 5%。该公式精度相当高,因此,推荐专业技术人员在规划、设计和管理中应用。特别在管网与河网耦合计算时,可以方便地采用不同历时不同重现期的暴雨量,同步对管网与河网两个系统进行验算、优化。需要注意的是,上海市年最大 24 小时面雨量加权平均值比这个雨量公式计算的 24 小时雨量略大,主要原因是各水利片面雨量计算时都进行了特大值移置,且采用各站最大雨量来计算逐年最大面雨量,因此,上海市年最大 24 小时面雨量加权平均值略大(100 年一遇~20 年一遇的雨量大了 9.7~2.7 mm),而不是长历时暴雨公式计算值偏低。

一场大暴雨后计算其重现期是一项十分困难的工作,需要预先开展各历时雨量的频率计算分析,得到频率分布曲线图,再根据实际降雨的雨量和历时,在频率分布曲线图上找到对应的频率(重现期),不熟悉水文频率分析的人士很难做到。经调研,我们没有发现编制暴雨重现期公式的先例,但当我们得到长历时雨量公式 $H = (28.621 + 43.707 \lg T) \times t^{0.26}$ 时,问题就简单了,直接将长历时雨量公式转化为 $T = 10^{\wedge}[(H/t^{0.26} - 28.621)/43.707]$,就得到上海市暴雨重现期公式。这个公式可以计算 1 小时~24 小时历时实际暴雨量的重现期,精度很高。上海市暴雨重现期公式不仅可以方便、快捷确定不同时段雨量的重现期,而且可以辅助我们研究实际暴雨中各时段雨量重现期关系及雨型结构。前文中各降雨记录对应的重现期就是利用这个暴雨重现期公式计算得到的,使用非常方便,各时段雨量的重现期关系及雨型结构十分清晰,对我们把握逐时段降雨风险的概率有重要指导意义。

2.2.8　暴雨变化趋势分析

本节采用徐家汇站 1981—2020 年雨量系列数据,着重研究年总暴雨、年最大 1 小时暴雨、年最大 24 小时暴雨的变化趋势。

1. 总暴雨量年际变化

上海气候的年际变化甚大,与季风活动相联系的降雨量、暴雨量的年际波动也十分显著。近40年,年总暴雨量和年总降雨量均呈增加趋势。

总暴雨量与总降雨量有较强的相关关系。徐家汇站平均年总暴雨量约占年总降雨量31.1%,出现年总降雨量5个明显峰值的1985年、1993年、1999年、2015年和2019年,对应的总暴雨量也是5个明显峰值,占比达到39.4%～54.2%,因此,一般总暴雨量比较多的年份总降雨量比较多。

我们再来分析上海近40年影响较大的5次涝灾——1985年、1991年、1999年、2005年和2013年的降雨情况,其中1985年、1991年、1999年三次涝灾的年总暴雨量比较突出,分别达到694.2 mm、651.2 mm、863.3 mm,而2005年、2013年两次台风暴雨的总降雨量、总暴雨量并不突出,但均造成了涝灾。因此,暴雨增多,增加了涝灾的风险,而是否形成涝灾及涝灾达到什么程度,还是取决于单场暴雨的总雨量、历时、范围,以及除涝工程建设与运行情况。

图 2.2-16 徐家汇站总降雨量与总暴雨量年际变化

下面我们重点研究雨水排水所关注的1小时暴雨变化趋势,以及区域除涝所关注的24小时暴雨变化趋势。

2. 年最大1小时雨量年际变化

雨水排水最关注的1小时暴雨为短历时暴雨,一般暴雨范围小,雨强较大,容易引起道路积水等风险。1981—2020年间,徐家汇站年最大1小时雨量总体上呈现略微增加的趋势。

最大1小时雨量为2008年8月25日暴雨,由于北方南下冷空气和华南沿海北输暖湿气流在长江中下游及江南北部地区交汇,并在低层形成低涡,从而在上海引发百年未遇的突发性强暴雨,1小时雨量达119.6 mm。由于暴雨量绝大部分集中在1小时内,雨强太大,造成局部道路积水严重、交通瘫痪、航

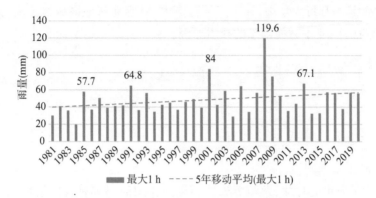

图 2.2-17　徐家汇站年最大 1 小时雨量的年际变化

班延误、家中进水等危害,但大片河网水位不高,地面退水较快。因此,最大 1 小时雨量增多,必定增加道路、街坊积水的风险,是否引起河网水位大幅度升高而造成区域涝灾,还要看暴雨持续时间及降雨范围。

3. 年最大 24 小时雨量年际变化

区域除涝最关注的 24 小时暴雨为长历时暴雨,一般暴雨范围比较大,总雨量大,容易引起区域涝灾。1981—2020 年间,徐家汇站年最大 24 小时雨量总体上也呈现略微增加的趋势。

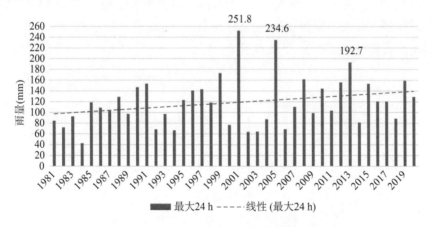

图 2.2-18　徐家汇站年最大 24 小时雨量的年际变化

年最大 24 小时雨量的最大值出现在 2001 年 8 月 5 日,为 251.8 mm,最大 12 小时雨量 231.4 mm,造成中心城区和孙桥、周浦、康桥、祝桥较严重的涝灾。第二位是 2005 年"麦莎"台风暴雨的 234.6 mm,造成全市涝灾。第三位是 2013 年"菲特"台风暴雨的 192.7 mm,造成上海西部地区严重涝灾。可见,

24小时大暴雨和特大暴雨,如果降雨范围大,就容易造成区域性涝灾,这也是区域除涝关注24小时面雨量的根本原因。

2.3 上海市潮汐规律与水文特征

2.3.1 潮汐规律与潮位特征

1. 潮汐基本规律

潮汐是海水受月球、太阳等天体引潮力作用而引起有规律的周期性涨落运动。我国古时就把发生在白天的一次海水上涨称为潮,晚间的一次叫作汐,合称潮汐。由于月球离地球较近,故月球引潮力是产生潮汐的主要因素。月球以大约1个月的时间周期绕地球运动,随着月球、太阳和地球三者所处相对位置不同,潮汐除每日变化以外,每月形成两次大潮和两次小潮。在朔(初一)、望(十五)日,由于月球、太阳和地球运行位置处于一直线上,月球和太阳的引潮力相互叠加,此时海面升降最大,形成每月中两次最高的高潮和最低的低潮,称为大潮。在上弦日(初八)与下弦日(廿三),由于月球、太阳和地球相互运行的位置接近直角三角形,月球、太阳对地球的引潮力相互消减,此时潮汐波动最小,称为小潮。事实上,由于自然环境和海水运动的惯性以及海底摩阻力等的影响,大小潮汛会发生滞后现象,大潮通常发生在朔、望日后2～3天,小潮通常发生在上弦、下弦日后2～3天。

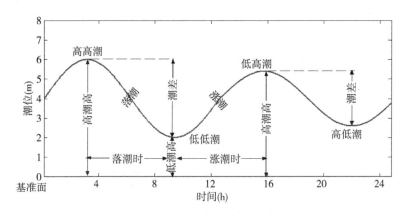

图 2.3-1　本市潮汐要素示意图

长江口与杭州湾潮汐均属非正规半日潮,平均24小时50分钟内有两次高潮、两次低潮。两次高潮、两次低潮潮高不等,涨潮时间和落潮时间也不等,两次大潮在每月初三和十八前后出现,两次小潮在每月初十和廿五前后出现。每年春分至秋分为夜大潮,秋分至次年春分为日大潮。长江口、杭州湾年最高潮位高于地面高程 2 m 以上,是洪潮灾害的主要源头。

长江口为中等强度的潮汐河口,南港、北港河口段两个全潮(即一个太阴日)实测最大涨潮量为 56.9 亿 m³(1959 年 8 月 1 日),最大落潮量为 73 亿 m³(1959 年 8 月 20 日—21 日)。潮区界在铜陵与芜湖之间,潮流界在镇江与江阴之间,随海水的上涨,徐六泾以下河段都可能遭遇咸潮侵袭。大通是长江干流下游的径流控制站,据 1950—2010 年资料统计,大通站多年平均流量为 28 400 m³/s,水量为 8 965 亿 m³,5 月—10 月水量占全年的 70.8%,最大洪峰流量为 92 600 m³/s(1954 年 8 月 1 日),最小流量 4 620 m³/s(1979 年 1 月 3 日)。2003 年 6 月三峡工程运行后,对大通站径流量的年内分配起到蓄洪补枯的有利作用,同时,对长江中下游含沙量和输沙率影响巨大,大通站的多年平均年输沙量从 4.27 亿 t 下降到 1.52 亿 t,这可能引起海堤前沿滩涂的冲淤变化,并增加水闸、堤防和保滩工程的风险。

杭州湾为强潮海湾,由于湾面束窄,潮流强劲,因而由东海向杭州湾传进的半日潮潮波向内推进至澉浦以西,河床抬高迅速,使潮汐能量突变,潮波变形强烈,至海宁附近出现蔚为壮观的钱塘江涌潮。每月朔望大潮,潮头通常高 1~2 m,最高时约 3 m,传播速度达 20 km/h,涌潮带来的海水达每秒几万吨之多,加上水位暴涨,流速很快,对海塘和滩地的破坏很大,曾测到涌潮压力 7 t/m²。上游钱塘江流域来水与东海涨潮来水之比约为 0.01,芦茨埠站多年平均流量为 1 154 m³/s,年径流总量为 364 亿 m³,故径流影响甚微,杭州湾全部为潮流所控制。澉浦站的平均涨潮流量为 19 万 m³/s,湾内潮流十分强劲,实测最大流速为 4~5 m/s。杭州湾泥沙的粒径较细,中数粒径一般为 0.02~0.04 mm,属缺乏黏性的细粉砂,抗冲刷能力差,在发生强潮流时,主流摆动不定,滩涂涨坍多变,呈现游荡型河道的特点。

由于黄浦江尚未建闸控制,海洋潮汐通过吴淞口沿黄浦江向上游传递,黄浦江所表现的潮汐规律也较为相似。黄浦江在一个太阴日(即 24 小时 50 分)内,有两次潮汛,分别有两次高潮和两次低潮,且两个高潮和两个低潮各不相等,黄浦江口吴淞站平均涨潮历时 4 小时 33 分,落潮历时 7 小时 52 分。每月有两次大潮汛、两次小潮汛的周期性变化。潮水每天有规律地从长江口两次涌入黄浦江,涨潮时水流流向上游,落潮时水流流向下游,黄浦江河道具有反复回荡的双向流特征,每天潮水位变化也较大。涨潮时潮水倒流进入吴淞口,并随潮波向上游推进,部分涨潮量蓄积在河段中使水位抬高,其余部分继续向上游推进,直到潮流边界。潮流界一般可上溯至淀山湖,以及沪浙边界、沪苏边界以上,潮区界可达苏州—嘉兴运河、平湖塘一带。河口至潮区界之间的河段称"感潮河段",因此,上海的河网是"平原感潮河网"。由于潮波上溯时,受到河床阻力和径流顶托而发生变形,水位过程线愈向上游,前坡愈陡、后坡愈缓,涨潮历时减短、落潮历时加长,最高潮位减小、最低潮位增加,潮差递减。

潮动力是黄浦江水系最大水动力,长江口是黄浦江淡水的最大来源。吴淞口平均每潮进潮量约 5 800 万 m³,最大进潮量为 12 510 万 m³(1984 年 8 月 29 日),最大进潮流量为 12 100 m³/s,最大涨潮流速达 1.8 m/s。米市渡站虽然距吴淞口达 80 km,但该断面平均每潮进潮量仍有 2 847 万 m³。

黄浦江是承泄太湖流域来水的重要通道。据米市渡站 1954—1990 年资料,多年平均净泄流量为 319 m³/s,丰水年(1954 年)平均净泄流量为 755 m³/s,枯水年(1979 年)年净泄流量为 153 m³/s。1954—1980 年米市渡的平均净泄流量呈下降趋势,1980—2020 年则呈上升趋势。净泄流量的年内分配为非汛期略大于汛期,汛期(6 月—9 月)多年平均净泄流量为 304 m³/s,非汛期(10 月—5 月)为 328 m³/s。汛期的降雨增加,但净泄量略小于非汛期净泄量,这可能是汛期常受下游台风高潮顶托、下泄困难的缘故。例如:2021 年"烟花"台风期间,据浙江省嘉兴市水利局估算,5 天降雨过程中南排杭州湾 5 亿 m³,东排黄浦江只有 0.8 亿 m³。主要原因是黄浦江排出去的水,涨潮又顶回来,净泄流量很小。

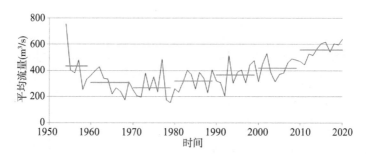

图 2.3-2 黄浦江上游米市渡(松浦大桥)站年平均净泄流量

当潮汐遇到上游洪水、区域涝水,潮位会发生很大变化。米市渡站水位既反映台风高潮的影响,也反映太湖流域来水影响,历来作为黄浦江上游的水情代表站、警戒水位代表站。从 2021 年"烟花"台风期间米市渡站实测潮位数据可以看到,低潮位的最高值甚至超过正常天文高潮位的最高值,且潮差似乎没有明显减小。这说明涨潮动力是产生最高水位的主导力量,而低水位大幅度抬高是产生最高水位的基础条件。

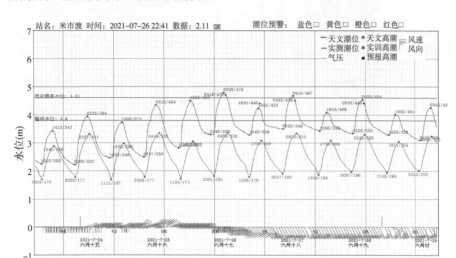

图 2.3-3　"烟花"台风期间米市渡站潮位过程

　　值得注意的是,黄浦江上游的洪涝关系十分复杂,低水位抬高增加除涝风险,而在涨潮动力的推动下,最高水位再创新高,又增加防洪风险,因此,低水位抬高也是我们必须重视并加以研究的重要问题。

　　2. 潮位特征

　　长江口、杭州湾的历史最高潮位一般由天文高潮叠加台风增水产生。1997 年 9711 号台风期间,长江口、杭州湾、黄浦江各水文站的最高潮位全部创历史纪录:金山嘴 6.57 m,芦潮港 5.68 m,崇明南门 6.15 m,吴淞口 5.99 m,黄浦公园 5.72 m,米市渡 4.27 m。长江口、杭州湾、黄浦江沿线的防洪风险明显增加,例如,黄浦江中心城区段的 1 000 年一遇高潮位("84"标准),在新的频率计算中重现期下降到 200 年一遇左右。

　　长江口、杭州湾和黄浦江下游的最高水位,主要受潮汐和台风增水影响,而黄浦江上游的最高水位还兼受暴雨引起的太湖流域洪水、区域涝水影响。1997 年以来,吴淞口最高潮位未创新高,但在台风高潮、太湖流域洪水、区域涝水的叠加作用下,黄浦江上游及支流的水位大幅度抬高。米市渡站 2005 年"麦莎"台风暴雨期间创 4.38 m 新高,2013 年"菲特"台风暴雨期间创 4.61 m 新高,2021 年"烟花"台风暴雨期间创 4.79 m 新高,黄浦江上游的防洪、除涝风险同步增加。

图 2.3-4　主要潮（水）位代表站分布示意图

表 2.3-1　杭州湾、长江口、黄浦江特征潮位表　　　　　单位：m

序号	站名	资料系列	历史最高潮位	历史最低潮位	多年平均高潮位	多年平均低潮位	平均水位
1	金山嘴	1977—2021 年	6.57	−1.72	3.93	−0.30	—
2	芦潮港	1977—2021 年	5.68	−1.25	3.55	0.22	—
3	堡镇	1965—2021 年	6.03	−0.19	3.35	0.93	—
4	吴淞口	2000—2021 年	5.97	0.17	3.40	1.08	—
5	黄浦公园	1981—2021 年	5.72	0.38	3.31	1.31	—
6	金汇港北	1982—2021 年	5.11	0.82	3.07	1.66	—
7	米市渡	1970—2021 年	4.79	0.90	2.87	1.83	—
8	夏字圩	1952—2021 年	4.52	0.56	2.79	1.89	—
9	泖甸	1952—2021 年	4.18	1.12	2.72	2.14	—
10	河祝	1962—2021 年	4.02	1.74	2.58	2.50	—
11	商塌	1965—2021 年	3.98	1.93	—	—	2.59

序号	站名	资料系列	历史最高潮位	历史最低潮位	多年平均高潮位	多年平均低潮位	平均水位
12	金泽	1965—2021 年	4.25	1.77	2.68	2.47	—
13	东团	2006—2021 年	4.42	1.71	2.88	2.35	—
14	洙泾	1983—2021 年	4.61	1.06	2.88	2.02	—
15	赵屯	1967—2021 年	4.14	1.91	—	—	2.61
16	曹家渡	1959—2021 年	4.49	0.79	2.91	1.89	—

从近 30 年影响较大的 5 次台风看,台风期间吴淞口的最高水位比多年平均高水位 3.4 m 要增加 1.6 m 以上,黄浦江上游米市渡的最高水位全部为当年的年最高水位。1997 年 9711 号台风期间,长江口、杭州湾、黄浦江各站全部创历史纪录,但降雨总量不大,没有发生大面积涝灾。而 2005 年"麦莎"台风、2013 年"菲特"台风、2021 年"烟花"台风则不同,降雨总量大、降雨范围大,虽然吴淞口水位远低于 9711 号台风期间的 5.99 m,但是米市渡的水位均超过了 9711 号台风期间的 4.27 m,这表明太湖流域上游来水和区域排涝对黄浦江上游水位的影响在大幅增加,防洪、除涝风险都在加大。

表 2.3-2　对上海影响较大的 5 次台风期间水位统计

年份	1997 年 11 号台风	2000 年 "派比安"台风	2005 年 "麦莎"台风	2013 年 "菲特"台风	2021 年 "烟花"台风
吴淞口最高水位(m)	5.99	5.87	5.04	5.15	5.55
米市渡最高水位(m)	4.27	4.21	4.38	4.61	4.79

太湖流域洪水往往是由特大梅雨产生的,梅雨期间的最高水位比台风暴雨期间产生的最高水位要低,并不产生防洪最高水位,但都超过了各水利片的除涝最高控制水位,区域除涝的风险并不比台风暴雨小多少。1949 年以来,流域性的大洪水有 5 次,其中 1954 年、1991 年、1999 年三次流域性大洪水,上海降雨时间长、总雨量大、暴雨多,对西部低洼地区均造成严重涝灾。2016 年和 2020 年两次流域大洪水,形势发生了变化。2016 年太湖流域梅雨期 31 天,梅雨量 412.0 mm,太湖水位达 4.61 m,上海地区平均梅雨量 267.3 mm,米市渡水位 4.12 m;2020 年太湖流域梅雨期 42 天,梅雨量 613.0 mm,太湖水位达 4.53 m,上海地区平均梅雨量 533.0 mm,米市渡水位 4.17 m。2016 年和

2020 年两次流域大洪水,由于上海的暴雨不大,本地没有发生大范围区域性涝灾,还全力帮助太湖及苏浙地区排水。但是,米市渡水位接近甚至超过 1999 年特大梅雨产生的最高水位。如果 2016 年、2020 年上海的暴雨量达到 1954 年、1991 年甚至 1999 年水平,除涝风险将大大增加,发生区域性涝灾将是大概率事件。可见太湖及黄浦江上游排水对上海涝灾的影响加大了,西部低洼地区的除涝风险也随之增加。

表 2.3-3   太湖流域 5 次大洪水期间水位统计

年份	1954 年梅雨	1991 年梅雨	1999 年梅雨	2016 年梅雨	2020 年梅雨
太湖最高水位(m)	4.39	4.53	4.71	4.61	4.53
米市渡最高水位(m)	3.79	3.85	4.13	4.12	4.17

2.3.2 最高水位与最低水位频率计算

1. 最高水位与最低水位沿程分布

杭州湾、长江口、黄浦江干流及上游支流为敞开水域,水位均受潮汐直接影响。从最高水位分析,杭州湾水位最高,其次是长江口,黄浦江沿线则从下游到上游逐渐降低,淀山湖是最低点(急水港、大朱库等淀山湖上游河道的最高水位比淀山湖水位高一些);从最低水位看,杭州湾水位最低,其次是长江口,黄浦江沿线则从下游到上游逐渐增高;从潮差分析,也是杭州湾潮差最大,其次是长江口,黄浦江沿线则从下游到上游逐渐减小。

黄浦江水位沿程变化特征与空间分布规律为:涨潮时,最高水位的最大值出现在吴淞口,最小值出现在淀山湖;落潮时,最低水位的最大值出现在淀山湖,最小值出现在吴淞口。潮汐涨落的最高点与最低点可以连成一条主线——吴淞口—黄浦江—斜塘—泖河—拦路港—淀山湖。在这条主线中淀山湖为面积 62 km^2 的调节池,淀山湖的水位变幅较小,水位变动十分缓慢,最高水位不会比下游最高水位高,最低水位不会比下游最低水位低。

最高水位越高,该河段两侧区域的洪潮风险越大;最低水位越高,该河段两侧区域支河排出的条件越差,除涝风险越大。我们可以从"烟花"台风时水位特征值的空间分布可以印证这个规律(图 2.3-5),这对理解淀山湖周边长三角一体化区域的洪涝关系和风险,确定工程设计工况都有十分重要的意义。

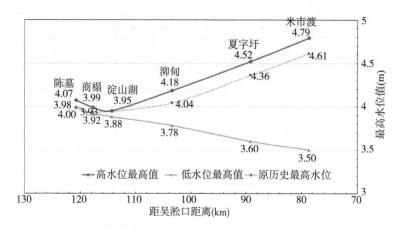

图 2.3-5　"烟花"期间急水港—淀山湖—拦路港—泖河—斜塘沿程水位特征值

2. 最高水位频率分析

最高水(潮)位是防洪工程建设的重要依据,相同设计重现期标准的海塘堤防工程中,不同区段有不同的设计最高水位,还要考虑波浪爬高、安全超高等因素。千里海塘的设防水位高于千里江堤,而且海潮的强度大,水量大,溃堤的破坏力大,必须严加防范。千里江堤中黄浦江下游的设防水位高于上游,黄浦江市区段人口密集的繁华区域也十分重要,不能有半点疏忽大意。对上海这样一个滨江临海的世界级超大城市,提前谋划应对全球气候变化、海平面上升是应有之理,提高防洪标准是必然之举。

表 2.3-4　各代表站高水(潮)位频率分析成果表　　　　　　　　单位:m

序号	重现期(年)	1000	500	200	100	50	20	10	5	资料系列
1	金山嘴	7.20	7.02	6.77	6.58	6.39	6.12	5.92	5.73	1977—2021
2	芦潮港	6.21	6.07	5.87	5.72	5.57	5.36	5.2	5.06	1977—2021
3	堡镇	6.78	6.57	6.30	6.09	5.88	5.6	5.39	5.18	1965—2021
4	吴淞站	6.58	6.41	6.17	6.00	5.82	5.57	5.38	5.19	1912—2021
5	黄浦公园	6.24	6.09	5.88	5.72	5.56	5.34	5.17	4.99	1913—2021
6	金汇港北	5.44	5.34	5.20	5.10	4.99	4.83	4.70	4.55	1982—2021
7	米市渡	5.13	5.02	4.88	4.76	4.65	4.50	4.37	4.25	1948—2021
8	夏字圩	4.80	4.71	4.59	4.50	4.40	4.26	4.15	4.03	1952—2021

序号	重现期(年)	1000	500	200	100	50	20	10	5	资料系列
9	泖甸	4.56	4.46	4.32	4.22	4.11	3.95	3.82	3.67	1952—2021
10	河祝	4.38	4.30	4.19	4.10	4.00	3.87	3.75	3.62	1916—2021
11	商榻	4.27	4.21	4.13	4.06	3.98	3.86	3.76	3.64	1965—2021
12	金泽	4.77	4.65	4.48	4.35	4.22	4.02	3.85	3.66	1966—2021
13	东团	4.86	4.74	4.57	4.43	4.29	4.09	3.92	3.73	1965—2021
14	洙泾	5.02	4.90	4.73	4.60	4.47	4.29	4.14	3.99	1983—2021
15	赵屯	4.79	4.66	4.47	4.33	4.18	3.96	3.78	3.58	1966—2021
16	曹家渡	4.71	4.65	4.57	4.50	4.42	4.31	4.22	4.12	1959—2021

3. 最低水位频率分析

最低水位频率分析一般用于确定干旱或枯水年份可以保证的水位,上海过境水量充沛,不太关注最低水位的研究。但是对于感潮河道来讲,下游的潮位不退去就对上游形成顶托,最低潮位是衡量落潮时能排到多低(或者排水条件好坏)的一个重要指标。低水位的高低对排涝的影响很大,我们应当加以重视。

本市河道的排水与山丘区完全不同,排水能力完全取决于落潮退水的程度,低潮位越低的区域排水条件越好。因此,杭州湾的排水条件好于长江口,好于黄浦江。黄浦江则越往上游排水条件越差,外排黄浦江越困难。从黄浦江沿程分析,只有下游的水位降低了,才能为上游区域排水创造条件,因此,对太湖流域东出黄浦江的排水而言,太浦河等黄浦江上游支流排水通道的水位不断抬升,不利于太湖及杭嘉湖地区、淀泖地区、浦东浦西区的涝水自流排除,本质上加剧了长三角一体化核心区域除涝风险。

由于影响排涝的低水位,很难界定成规范的水文频率计算系列数据,因此,只能借用年最低水位的频率分析成果,反映相关水利片的相对外排条件。

表 2.3-5　各代表站低潮位频率分析成果表　　　　　单位:m

序号	重现期(年)	1	5	10	50	100	1000
1	金山嘴	−1.12	−1.50	−1.57	−1.71	−1.76	−1.92
2	芦潮港	−0.65	−0.95	−1.03	−1.19	−1.25	−1.45

续表

序号	重现期(年)	1	5	10	50	100	1000
3	堡镇	0.35	0.02	−0.04	−0.16	−0.21	−0.35
4	金汇港北	1.55	0.92	0.86	0.78	0.75	0.69
5	米市渡	1.85	1.03	0.96	0.86	0.83	0.77
6	夏字圩	2.10	0.99	0.87	0.69	0.63	0.48
7	泖甸	2.52	1.33	1.20	1.01	0.94	0.78
8	河祝	2.40	1.95	1.88	1.77	1.73	1.61
9	商塌	2.50	2.08	2.02	1.92	1.89	1.79
10	金泽	2.34	1.93	1.88	1.8	1.77	1.70
11	东团	2.08	1.66	1.59	1.46	1.42	1.28
12	洙泾	2.05	1.17	1.08	0.94	0.89	0.77
13	赵屯	2.67	2.08	2.01	1.89	1.84	1.73
14	曹家渡	2.11	1.10	1.02	0.91	0.88	0.82

2.3.3　水位变化趋势分析

1. 最高水位变化趋势

受全球气候变化、海平面上升、风暴潮灾害天气等因素影响,全市各水位站的最高水位均有所抬升。1977—2020 年,金山嘴站年最高潮位 10 年移动平均值从 5.26 m 抬升到 5.7 m。最高潮位的前三位,均发生在 1997—2002 年的几年之内,其他时段变化比较平缓。

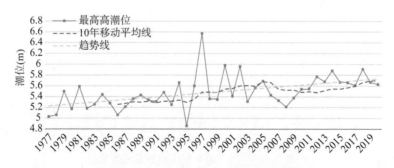

图 2.3-6　金山嘴站年最高潮位变化趋势

黄浦江各站的变化趋势与长江口杭州湾潮位站相比差异比较大。1977—2005 年间,吴淞口年最高潮位 10 年移动平均值从 4.84 m 抬升到 5.26 m,再回落到 4.86 m,最近几年又有所抬升,到 4.95 m。和金山嘴站一样,吴淞口最高潮位的前三位,均发生在 1997—2002 年的几年之内。每次最高潮位创历史新高都与台风增水和大潮汛有关,而黄浦江上游来水对吴淞口的影响较小。

图 2.3-7 吴淞口年最高潮位变化趋势

黄浦江上游受流域行洪、区域排涝等因素影响,暴雨期间各站水位明显抬高。特别是 9711 号台风以来,黄浦江上游米市渡站的最高水位不断攀升,1977—2020 年,年最高潮位 10 年移动平均值从 3.59 m 抬升到 4.24 m。米市渡站在梅雨和台风暴雨期间的水位均远高于"63·9"规划典型年期间的 3.28 m 最高水位,防洪、除涝都面临更大的风险。

图 2.3-8 米市渡年最高潮位变化趋势

表 2.3-6　1984 年黄浦江各站年最高潮位频率分析成果　　　单位：m

站名	均值	频率（%）					
		0.01	0.1	0.2	0.5	1	2
吴淞	4.79	6.76	6.27	6.11	5.90	5.74	5.59
黄浦公园	4.55	6.29	5.86	5.72	5.54	5.40	5.26
米市渡	3.47	4.26	4.10	4.04	3.97	3.92	3.85

表 2.3-7　2004 年黄浦江各站年最高潮位频率分析成果　　　单位：m

站名	均值	频率（%）					
		0.01	0.1	0.2	0.5	1	2
吴淞	—	7.12	6.60	6.44	6.22	6.05	5.88
黄浦公园	—	6.80	6.26	6.09	5.88	5.70	5.53
米市渡	3.75	4.80	4.58	4.51	4.41	4.33	4.25

表 2.3-8　2019 年黄浦江各站年最高潮位频率分析成果　　　单位：m

站名	均值	频率（%）					
		0.01	0.1	0.2	0.5	1	2
吴淞	4.98	7.15	6.58	6.41	6.17	6.00	5.82
黄浦公园	4.80	6.75	6.24	6.09	5.88	5.72	5.56
米市渡	4.05	5.02	4.81	4.75	4.65	4.58	4.51

　　1997 年 9711 号台风，使得从杭州湾、长江口，到黄浦江及上游支流各站水位均创历史新高，所以，根据 2004 年黄浦江各站年最高潮位频率分析得出结论：原 1984 年的千年一遇标准，按 2004 年的水文系列复核约为 200～300 年一遇。2019 年吴淞站潮位频率分析表明，当年千年一遇水位与 2004 年千年一遇水位相差不大。因此，"9711" 可以看作整个水文系列中一个重现期较高的水文事件，加入 "9711" 后整个系列还是符合水文统计规律的。

　　黄浦江上游水位的变化却更加复杂和剧烈，1984 年的原万年一遇水位，按 2004 年的水文系列只有 50 年一遇。而且 1997 年以后，黄浦江上游水位迭创新高，水位变化十分突出。比较各年代的水位分析成果，2021 年米市渡的实测最高水位已超过了 1984 年分析得到的万年一遇水位、2004 年分析得到千年一遇水位。因此，在吴淞口最高水位没有创历史新高的条件下，米市渡最高水位不断创新高,已经不符合传统意义上的水文统计规律了。这可能是受高潮位叠加了太湖洪水下泄和苏浙沪涝水强排等其他因素影响。因此,严格地说,米市渡的数据已经不是一致性条件下产生的系列数据。但现在没有什么好的方法来处理这些数据。本书引用相关成果只是反映水位变化的剧烈程度。工程实践中如何解决最高水位选用问题,需要专题研究。

防洪风险与外围的最高水位相关,防洪工程应当更加关注并解决年最高水位的连续异常升高问题。黄浦江最高水位上升后,我们采取的办法是加高加固堤防,但现状的堤防已经历多次加高,在原有基础上再加高加固,难度较大,而且滨水岸线的开发、空间景观的塑造,都希望降低堤防高程,两者矛盾日益突出。而且长三角一体化核心区域是太湖流域最低洼的地区,是河道、湖荡最密集的区域,是江南水乡古镇文化集聚的区域,越加越高的堤防、越抬越高的水位都不是这个区域的福音,可能会带来更多意想不到的风险。因此,我们既要考虑在黄浦江建闸来缩短千里江堤的防洪战线,也要考虑如何遏制流域行洪通道内水位异常升高。

2. 最低水位变化趋势

防汛关注的是最高水位抬高,忽视低水位的变化,但黄浦江水系的高水位恰恰是在低水位的基础上,由潮动力推高形成的,低水位对除涝影响很大,加强低水位的研究十分重要和必要。我们研究发现,暴雨期间,太浦河、拦路港等泄洪通道水位长时间抬高,退不下去,在涨潮动力推动下,容易产生最高水位,引发各种风险。

图 2.3-9 米市渡站低潮位序列及其滑动平均线

1997 年以后米市渡最高水位的不断突破,主要是受下游的高潮位顶托、上游的流域洪涝水下泄量和下泄强度加大,以及区间的排涝动力显著增大等因素综合影响的结果。

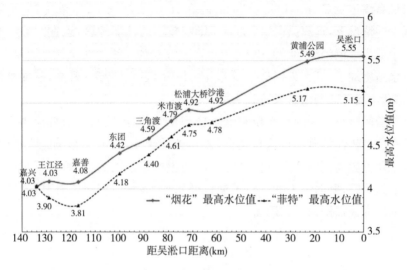

图 2.3-10　"烟花"与"菲特"台风黄浦江沿程最高水位对比图

例如,2021 年"烟花"台风与 2013 年"菲特"台风相比,同样是"四碰头",日雨量和总雨量都要小很多,但米市渡的最高水位从 4.61 m 升高到 4.79 m,最高水位当天相应的低水位也从 3.36 m 升高到 3.5 m。一方面,"烟花"期间吴

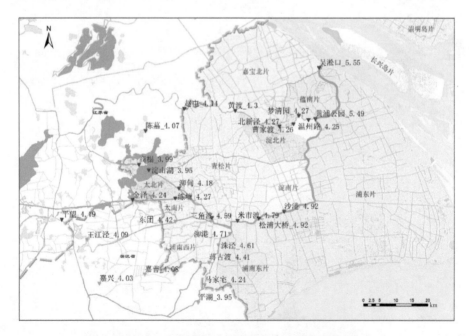

图 2.3-11　2021 年"烟花"台风期间最高水位分布图(单位:m)

淞口最高潮位 5.55 m，比"菲特"期间的 5.15 m 要高 0.4 m。另一方面，在雨量减少的情况下，远离吴淞口，受潮汐影响较小的江浙地区，也在"烟花"台风暴雨中最高水位创出"菲特"以来的新高，这充分说明整个杭嘉湖区、淀泖区的外排泵站增加了，圩区内保持了低水位，外围河道水位异常升高，从而加剧了杭嘉湖区、淀泖区的洪涝风险。

除涝风险与外围的高水位和低水位均相关，除涝的水闸工程应当更加关注低水位趋势性抬升。低水位越高，闸排条件越差，对除涝影响越大。因此，黄浦江及上游支流的低水位抬升对除涝的影响是巨大的，要重视低水位变化与影响的研究，要遏制太浦河—黄浦江低水位、高水位同步抬升，以及除涝越来越依靠多级强排的不利局面。

第3章
上海市历史洪涝灾害与特点

3.1 上海市历史洪涝灾害

3.1.1 洪潮灾害

风暴潮是一种灾害性天气现象,它往往集狂风、巨浪、高潮、暴雨于一体,突发性强、破坏力大、影响范围广,给沿海地区带来巨大的损失,风暴潮历来是对上海地区威胁最大的自然灾害之一。

据历史文献记载,自公元 1400 年至今上海市共发生严重风暴潮 32 次,平均约 19 年发生一次。其中,史料记载死亡人数较多的年份有:明朝天顺五年(1461 年)溺死 12 500 余人,清朝康熙三十五年(1696 年)溺死 17 000 余人,乾隆四十六年(1781 年)溺死 12 000 余人,道光十一年(1831 年)崇明溺死 9 500 余人,光绪三十一年(1905 年)崇明溺死 10 000 余人。民国时期也发生过严重的风暴潮灾害,1931 年 8 月 25 日(农历七月十二),台风在浙江定海登陆,日雨量 84.3 mm,黄浦公园站实测潮位 4.94 m,而当年外滩护岸压顶 4.7 m,潮水汹涌上岸,加上暴雨侵袭,市区内严重积水,数十人死伤。1933 年 9 月,上海市连续遭受两次台风暴潮,市区外滩一带全部淹没,黄浦公园站最高潮位达 4.86 m,江水漫溢,上海市对外交通几乎全部中断。

1949—2021 年,对上海市影响较大的风暴潮灾害也有多次,除了中华人民共和国成立初的 1949 年,基本没有发生风暴潮灾导致大量人口死亡的情况。

4906 号台风。1949 年 7 月 25 日(农历六月三十),第 6 号强台风浙江舟山登陆后,再次在金山卫登陆,最大风力 13 级(风速 40 m/s),吴淞口最高潮位 5.18 m,黄浦公园站实测潮位达 4.77 m,日雨量 148.2 mm,发生台风、暴雨、高潮三碰头,黄浦江水涌上岸,致使全市街道一片汪洋,约半个市区被淹,水深及腰,最深处达 2 m,市区周围 20~30 km 范围内除个别较高地点外,一片泽国,水深达 0.3~1.8 m。另外,南汇约 20 km 海塘被冲毁,175 万亩农田被冲毁,1.8 万余间房屋被冲塌,1 600 余人死亡。全市大批工厂、仓库、商店和居民家中进水,造成交通中断、工厂停工、商店停业,遭淹农田 208 万亩(含潮灾冲毁农田 175 万亩)。被毁海塘修复后,陈毅市长将之命名为"人民塘"。

5612 号台风。1956 年 8 月 2 日(农历六月廿六)凌晨,第 12 号台风在浙江象山登陆,登陆后继续向西北方向移动。7 月 31 日到 8 月 3 日,上海市遭此台风影响,市区龙华站实测最大风力 11 级(风速 30 m/s),实测最大一日降雨 40 mm。吴淞口最高水位 4.64 m,黄浦公园站最高潮位 4.36 m,因台风影响增水 1.60 m,为当时黄浦公园站自 1928 年有增水分析资料以来最大增水值。5612 号台风影响上海期间,雨量不大,市区仅有大雨,故上海市区涝灾不明显,因雨量分布不均,郊区有部分农田被淹。但上海市区和郊区都有非常严重的风灾,市区房屋倒塌 4 500 余间,部分塌坏 28 000 间;受伤 340 人,死亡 12 人;因断电停工的工厂达 457 家,因塌房、进水等事故停工的工厂有 338 家,发生电力事故 349 起,倒伏、倾斜行道树 16 000 余棵;港内发生水上安全事故 40 多起,有 10 余只木船、"划子"和 1 艘巡逻艇、3 座浮码头被击沉,有多艘大轮船断缆漂流。郊区瓦房倾倒 7 260 间,损坏 16 773 间,草房坍损 12 964 间;受伤 346 人,死亡 8 人;倒伏棉花 11 万亩,受淹农田 28 万亩。此次台风对浙江象山等地造成的灾害要严重得多:4 900 余人死亡,1.5 万余人受伤,600 多万亩农田被淹,71.5 万间房屋受损。台风毁坏中小型水库 87 座,沉毁渔船 902 艘,损坏 2 233 只,浙赣铁路有 10 处被损毁,干线公路 38.5% 受损。由于台风于 8 月 1 日影响浙江,被称为"八一台灾"。50 年后,象山南庄树起一座纪念碑,以示永远铭记。

6207 号台风。1962 年 8 月 2 日(农历七月初三),第 7 号台风在长江口外掠过北上,最大风力 12 级(风速 35 m/s)。8 月 1 日下午到 2 日早晨,龙华站实测最大日雨量 58 mm。8 月 2 日凌晨,长江口、黄浦江沿线各站均出现了较高潮位,吴淞站潮位高达 5.31 m,黄浦公园站潮位达 4.76 m。在台风暴潮的袭击下,郊县堤防多处受损,仅宝山县就被冲垮大小圩堤 341 处,长兴岛被水淹全境。崇明、长兴、横沙三岛受淹农田共 14 万亩。市区防汛墙决口 46 处,半个市中心区受淹,最深处近 2 m;受淹最严重的为黄浦区和杨浦区,其次为虹口、静安、闸北、普陀四区,约有一半地区被淹,南市、卢湾、吴淞三区部分地区被淹;徐汇、长宁局部地区被淹。市区交通中断,部分工厂停产、商店停业。杨浦电厂进水,16 台机组中 13 台不能发电,周家渡水厂一度中断供水。全市倒塌房屋 1 520 间,倒伏行道树 6 000 余棵,死亡 49 人,其中,市区死亡 17 人,多数系触电死亡;郊区死亡 32 人,大部分系被水淹死。当时市区防汛墙的高度较低,质量较差,多为砖砌,未形成包围,外滩砖砌防汛墙顶高仅 4.5 m,8 月1 日才突击加高到 4.8 m,防御能力较低。为此,1963 年 1 月第一次颁布了市区防汛标准("63"标准),规定黄浦公园防汛墙顶标高的最低要求为 4.94 m,新建加高时为 5.20 m。

7413 号台风。1974 年 8 月 19 日(农历七月初二)晚,第 13 号台风在浙江省三门县登陆,后在浙江省境内变为低气压。8 月 18 日—22 日龙华站实测最大风力 6 级(风速 12 m/s)。全市普降中到大雨,龙华站最大日雨量 39 mm。其间适逢大潮汛,杭州湾、长江口、黄浦江沿线各站连续两天出现了较高潮位,20 日凌晨,吴淞口最高潮位 5.29 m,黄浦公园站最高潮位 4.98 m,超过了设站 60 年来最高纪录。造成吴淞、高桥、浦东(东沟、西沟、白莲泾、洋泾)、龙华及市郊结合部地区 10 余处防汛墙(堤防)决口或漫溢,数千户居民住宅被淹。市区吹倒行道树 103 棵,全市发生大小供电事故 1 942 起,死亡 10 人。郊区海塘有决口,淹了一些农田,主要集中在崇明、长兴、横沙三岛。同年 11 月,市防汛指挥部颁布新的防汛标准("74"标准),将黄浦公园防御潮位提高到5.30 m,墙顶标高为 5.80 m,也称"百年一遇"标准。

8114 号台风。1981 年 9 月 1 日(农历八月初四)凌晨 2 点,第 14 号台风到达上海东南 200 km 洋面北上,最大风力 14 级(风速 45 m/s),并伴有中等降雨,9 月 1 日长江口、黄浦江下游出现了 1912 年有记录以来最高潮位,全市16 个水文站高潮位都超过了历史最高值,其中横沙 5.52 m,外高桥 5.64 m,吴淞 5.74 m,黄浦公园 5.22 m,黄浦公园防汛墙出现潮水漫溢的险情,吴淞、军工路、浦东、龙华等 10 余处防汛墙决口或闸门倒塌,周围地区受淹。全市有63 家工厂企业进水停产或部分停产,6 790 多户居民进水,7 000 多间民屋和16 000 多间棚舍受损,600 多棵树木倒伏。郊区有主海塘和新围海塘溃决,主要在崇明、长兴、横沙三岛,28 km 海塘遭不同程度损坏,6 处主塘和 32 处圩堤决口,近 7 万亩农田受淹。全市有 6 人死亡,42 人受伤。为此,经过多方几年的分析论证,1984 年 9 月—10 月上海市政府和水利电力部先后批准上海市区近期按千年一遇防洪标准设防("84"标准),相应黄浦公园站防御水位提高为5.86 m,防汛墙顶标高为 6.90 m,吴淞口防御水位 6.27 m,防汛墙顶标高7.3 m,上游的西荷泾(千步泾)处防御水位 4.5 m,防汛墙顶标高 5.2 m。

9711 号台风。1997 年 8 月 18 日—19 日(农历七月十六至十七),第 11 号台风在浙江温岭登陆,最大风力 13 级(风速 40 m/s),上海地区沿杭州湾、长江口、黄浦江干流各站均出现了有记录以来最高潮位。杭州湾沿岸比原历史纪录最高潮位抬高 0.42～0.64 m,其中金山嘴站达 6.57 m;沿长江口各站潮位抬高 0.13～0.36 m,其中外高桥站达 5.99 m;沿黄浦江各站抬高 0.24～0.50 m,其中吴淞站达 5.99 m,黄浦公园站达 5.72 m,米市渡站达 4.27 m。受台风影响,上海普降暴雨到大暴雨,徐家汇站日降雨 68.8 mm,全市共有 120 多条马路积水。这次暴雨逐时段分布较均匀,最大 1 小时降雨量仅 10～25 mm。杨浦区总雨量 88.1 mm,杨树浦港内河水位高达 4.39 m,由于台风、高潮和暴雨同时袭击,8 月 19 日凌晨 1 时 30 分左右,杨树浦港赵家桥北侧内河防汛墙决口 98 m,致使兰州新村 561 户居民家中受淹,深达 1～1.2 m。9711 号台风带来的灾害最主要的是潮灾,尤其是防潮水利工程遭受了较严重损失。一线海塘损坏 511 处,总损坏长度有 69 km,其中主海塘损坏 329 处,总损坏长度 30.1 km。市区 208 km 防汛墙有一处溃决,有 20 多处漫溢,累计长约 6～7 km,主要集中在徐汇区和闵行区。新增加市区防汛墙(闵行区、浦东新区、宝山区成立后及徐汇区扩区后)长约 87 km,有 2 处溃决,累计长约 50 km 漫溢。黄浦江上游地区堤防不少地段漫溢,个别地段甚至溃决,如奉贤沿黄浦江约 13 km 堤防全线漫溢,沿江近 1 km 范围不同程度遭淹;如松江沿黄浦江有 35 处漫溢,决口 13 处。据统计,全市受洪涝灾害面积 29.7 万亩,受灾人口 15.34 万人,死亡 7 人,倒塌房屋 540 间。9711 号台风过后,为提高海塘的防御能力,开始实施海塘护岸达标工程建设。城市化地区海塘按照"百年一遇潮位加 12 级风同时侵袭"标准设计,农村地区海塘按照"百年一遇潮位加 11 级风同时侵袭"标准设计。

3.1.2 区域涝灾

区域涝灾比洪潮灾害发生频次多,其特点是河网水位高,农田、城镇受淹范围大,退水时间长。

"54"梅雨。1954 年大气环流反常,雨带长期徘徊在江淮流域,梅雨期比常年延长一个月,6、7 两个月大范围暴雨达 9 次之多,长江中下游、淮河流域发生近百年来未有的特大洪水,太湖最高水位 4.39 m。上海 5 月—7 月雨量达 682.5 mm,徐家汇站最大 1 小时雨量为 30.1 mm,最大 1 日雨量为 90.2 mm。由于太湖流域洪水和本市内涝的共同影响,上海市遭遇了严重的洪涝灾害,重灾区主要在松江、青浦和金山等低洼地区。黄浦公园站最高水位 4.65 m,米市渡站最高水位 3.79 m,青浦内河最高水位为 3.56 m,且高水位持续时间较长。由于当时水利工程简陋,河道排涝能力相当有限,又无大的水利控制工程,青浦、松江、金山等地区一片泽国,105 万亩农田受淹,619 间房屋倒塌,郊外低洼地区积水 32 天才退。

5905 号台风。1959 年 9 月 5 日(农历八月初三),第 5 号台风在福建福鼎登陆,过杭州湾后再次在奉贤登陆,最大风力 8 级(风速 20 m/s)。上海地区普遍出现暴雨,郊区部分地区出现大暴雨。9 月 5 日,吴淞站最高潮位 4.83 m,黄浦公园站 4.52 m,米市渡站 3.49 m。龙华站实测日雨量 93.4 mm,市郊松江、金山、奉贤、南汇等县降雨均在 150～200 mm,其他地区一般在 20～60 mm。6 日,暴雨区北移,市区和川沙、浦东、嘉定、青浦等县降雨较大,约为 100～120 mm。市区严重积水,部分地区积水达 0.6～1.0 m,其中平凉路、惠民路等路段积水深达 1.3 m。市内大批民宅进水,部分线路公交车辆一度停驶,部分仓库物资遭淹,郊区 70 万亩农田受淹。

6214 号台风。1962 年 9 月 5 日—6 日(农历八月初七至初八),第 14 号台风在福州登陆后转向北上,最大风力 10 级(风速 25 m/s)。苏州两天降雨量达 439 mm,极为罕见。上海的暴雨中心在青浦县城,也称"62·9"青浦暴雨,总雨量 240.8 mm,其中最大 1 小时雨量 20.5 mm,最大 6 小时雨量 76.3 mm,最大 12 小时雨量 130.4 mm,最大 24 小时雨量 214 mm,青浦、松江受灾严重,受淹农田 50 万亩。6 日黄浦公园最高水位 3.82 m,黄浦站实测日雨量达 121.2 mm,龙华站日雨量 82.9 mm,市内积水十分严重,低洼地区积水 0.3～0.6 m,虹桥大陆农场附近积水 1 m 有余,大批住宅进水,长宁区住宅进水 2 870 户,普陀曹杨新村积水 7 天才退尽,徐汇区 8 家市属工厂停工,14 家生产物资仓库浸水。

6312 号台风。1963 年 9 月 12 日—13 日(农历七月廿五至廿六),第 12 号强台风在福建连江登陆,最大风力 11 级(风速 30 m/s),台风东西两侧分别为副热带高压和大陆高压,上海处于强台风倒槽辐合区,全市各区降雨量全部超过 100 mm。暴雨中心在南汇大团,也称"63·9"大团暴雨,总雨量 490.8 mm,其中最大 1 小时雨量 70.8 mm,最大 6 小时雨量 262.4 mm,最大 12 小时雨量 405.3 mm,最大 24 小时雨量 475.3 mm。最大 24 小时 300 mm 等雨量线在六团、莘庄、松江县城、泖港、张堰、金山嘴沿线,笼罩面积达 2 090 km²(不包括海上面积)。郊区除崇明、宝山、嘉定稍好外,其余区域涝灾十分严重,受淹面积达 170 万亩。吴淞口最高潮位 3.8 m,黄浦公园最高潮位 3.72 m,米市渡最高潮位 3.28 m,徐家汇站日降雨达到 146 mm,最大 1 小时雨量 42.4 mm,大暴雨致使市区大面积积水,市区低洼地区积水浅者 0.3 m,深者有 0.8～1.0 m。杨浦区出动公园游船抢救积水区群众,市区 560 家工厂进水、1 289 家商店被淹,市区积水 3 天才退尽。

"69·8"长征暴雨。1969 年 8 月 5 日,在静止锋上产生一条飑线,上海下了一场强暴雨,暴雨中心长征公社 5 小时降雨量达 266 mm。整个暴雨区呈南北向分布,暴雨中心区 200 mm 等雨量线位于市区西部及近郊的嘉定、宝山、上海三县边缘,笼罩面积为 115 km²。由于暴雨强度大,河水猛涨,长征、江桥、桃浦三个公社受涝 2 万亩,水深一般齐膝,深处二尺有余(约 0.7 m)。

7707 号台风。1977 年 8 月 21 日—22 日(农历七月初七至初八),7707 号台风近海北上,最大风力 10 级(风速 25 m/s),由于受西风带和低层东风波扰动,上海北部发生了一场历史罕见的特大暴雨。暴雨中心在宝山县塘桥,也称"77·8"塘桥暴雨,总雨量 591.8 mm,其中最大 1 小时雨量 151.4 mm,最大 6 小时雨量 460 mm,最大 12 小时雨量 567.6 mm,最大 24 小时雨量 581.3 mm。最大 24 小时 200 mm 等雨量线在真如、高桥、南门港、杨林闸、天福庵、纪王等沿线,笼罩面积达 1 520 km²,330 多 km² 面积降雨量达 400 mm 以上。这是上海有记录以来,年最大 1 小时、3 小时、6 小时、12 小时、24 小时雨量的最高纪录,且绝大部分降雨集中在 12 小时以内。宝山、嘉定内河水位达 4.18 m,高于当时的最高潮位,吴淞工业区、桃浦工业区、彭浦工业区及其附近地区普遍积水 0.5 m,最深达 2 m,地势较低地区的河、田、路不分,一片汪洋。全市 4.7 万户民居、300 多家工厂、50 多个仓库进水,郊县 121.4 万亩农田受淹,倒塌住房 2 016 间、仓库 1 040 座。市区积水 2 天后方才排除,郊区 4 天后方才退尽。

"85·9"暴雨。1985 年 8 月 31 日至 9 月 2 日,上海地区因受中蒙边界下来的冷锋与 8511 号台风后部低压槽的共同影响,上海市区和市区西、北部近郊,连续三天出现了暴雨和大暴雨天气,尤其是 8 月 31 日和 9 月 1 日两天雨量最大,市区这两天总雨量超过 230 mm 的有徐汇、长宁、普陀、静安 4 个区。郊区降雨主要集中在 9 月 1 日,达到特大暴雨程度的有嘉定长征 214.2 mm,宝山大场 245 mm,川沙高桥 381.1 mm,达到大暴雨程度的有上海虹桥 152.3 mm、新泾 172.5 mm。9 月 2 日市区又下了暴雨,一般雨量在 50～60 mm。特大暴雨中心在川沙县,川沙气象站 1 小时雨量 108.8 mm,浦东陆家嘴站最大 6 小时雨量 215 mm,高桥水文站总雨量高达 459.6 mm,短时间骤降的特大暴雨为上海所少见。市区西部几个区,以及西北近郊出现了连续几天短时严重积水,深者达 0.7～0.8 m,致使不少工厂、仓库、商店和住房进水,到 9 月 3 日才逐步退尽。郊区受淹农田 5.3 万亩。因电气设备受潮触电死亡 4 人。

"91"梅雨。1991 年汛期,太湖流域气候异常。春夏之交,西太平洋副热带高压稳定在长江以南。江淮之间冷暖气团交锋活动频繁,使得梅雨提前降临,又比常年持续时间长,淮河流域、太湖流域洪涝灾害严重。太湖最高水位 4.53 m,超 1954 年记录,米市渡最高水位达 3.85 m。5 月至 9 月,上海地区总降雨量 1 010.8 mm,比常年同期多 45% 以上,其中 6 月 3 日至 7 月 15 日,长达 43 天的梅雨期,降雨量达 474.4 mm,为历年平均梅雨量的 2.3 倍。青浦、松江、嘉定、宝山等县,在内涝严重、困难很大的情况下,发扬风格,顾全大局,牺牲局部,于 7 月 5 日、8 日炸开红旗塘、钱盛荡堤坝,分泄太湖洪水。

"91·8"暴雨。1991 年 8 月初,由于太平洋副热带高气压减弱,以及北方小股冷空气南下影响,长江下游地区东西向雨带形成。8 月 7 日,有一低气压东移入海;受此低气压影响,上海城乡遭受了一场罕见的大暴雨和强龙卷风侵袭。这场大暴雨中心在市区,市区 12 个区日雨量均在 100 mm 以上,平均达 150.8 mm,以宝山站为最大,达 231.9 mm,已达特大暴雨程度。而且这场大暴雨 100 多 mm 雨量,极大部分集中在 1 个多小时内,其中卢湾区最大 1 小时雨量达 138 mm,已超过 100 年一遇降雨强度,仅次于 1977 年 8 月 21 日特大暴雨时宝山塘桥站 1 小时降雨强度 151.4 mm。郊县暴雨中心在松江,日雨量达 191.8 mm,除南汇、奉贤、金山部分地区外,都下了暴雨到大暴雨。青浦、金山、松江、奉贤、崇明等县的 20 个乡镇在大暴雨中先后遭到龙卷风袭击。因暴雨、洪涝、龙卷风等灾害,市区绝大多数马路都有积水,静安区找不出一条马路不积水,曹家渡小莘庄地区积水深达 1 m,共有 574 条马路积水(过去是以马路条段计算),较严重住宅进水户达 20 多万户,许多商店、工厂、学校等单位积水严重。全市倒塌民房 1 908 间,损坏民房 3 585 间,倒塌简屋棚舍 3 405 间,乡村企业倒塌厂房 1 526 间,受淹农田 129 万亩,因坍屋、触电受伤 529 人,死亡 29 人。

"99"梅雨。1999 年梅雨期,太湖流域平均梅雨量高达 672 mm,最大 30 天梅雨量居有记录以来第一位,重现期超过百年一遇,导致太湖、浙西、杭嘉湖、苏州南部和上海西部地区均出现了有记录以来的最高水位。太湖最高水位达 4.71 m(镇江吴淞高程 4.97 m,修正前为 5.08 m),超 1991 年记录 0.19 m,且连续 18 天水位超历史。嘉兴站最高水位 4.38 m,杭嘉湖平原一些农田、村庄一片汪洋。上海地区 6 月 7 日入梅,7 月 20 日出梅,梅雨期 43 天,比原常年梅雨期长 22 天。本市梅雨比较均匀,市区略多于郊区,徐家汇站总梅雨量 815.4 mm,居有记录 126 年以来梅雨量第一位,为原常年梅雨量 4 倍。梅雨期徐家汇站共出现 8 次暴雨,其中 2 次大暴雨。由于黄浦江上游杭嘉湖、苏州地区洪涝水下泄,加上大潮汛顶托和上海本地连续下雨影响,上海市西部黄浦江上游米市渡站以上各站最高潮位,均连续突破原历史纪录。7月14日,吴淞口最高水位4.83 m,米市渡站最高水位4.13 m,超警戒水位0.62 m,居1916年设站有记录以来年最高水位第2位;金泽站最高水位4.09 m,超历史纪录0.43 m,超幅最高,超历史纪录水位时间长达20天,超高水位持续时间最长。6月7日—10日,上海地区在静止锋影响下形成上海气象史上罕见的长达4天的全市暴雨,大部分地区的累计雨量超过200 mm,造成全市近1.5万户居民家中进水0.1~0.2 m,中山北路等100多条道路积水严重。市区杨树浦港、虹口港、彭越浦、北新泾港等内河出现了较高水位,部分内河两岸堤防出现漫溢,一些沿河地区受淹。青松大控制片内青浦南门站最高水位达3.77 m,比原历史纪录抬高了0.21 m,且连续5天突破该纪录,造成青松大控制片内出现1954年以来最大内涝灾害,青浦、松江、金山等西部低洼地区涝灾最为严重。全市有126万亩农田受淹,约占全部农田的四分之一。

"01·8"连续暴雨。2001年8月5日—9日,上海接连受到热带云团和静止锋强降雨云团的影响,中心城区连续5天出现暴雨和特大暴雨天气,徐家汇站的累计雨量达480 mm,是本市1873年以来8月份连续5天雨量之最,其中8月5日到8月6日的日降雨量多达275 mm,浦东孙桥、南汇周浦分别达284.1 mm和272.1 mm。连续暴雨的中心主要在市中心城区,最大1小时降雨量超过81.6 mm的测站有杨浦105 mm、宝山96 mm、徐家汇87 mm、卢湾83 mm,暴雨期间河水暴涨,8月6日最高水位杨树浦港抚顺路桥达4.15 m、龙华港三江路桥达4.46 m、北新泾闸内达3.61 m,沿杨树浦港、虹口港、界弘浜、虬江、沙泾港、俞泾浦部分泵站被迫停机。市中心城区476段次道路积水,进水街坊达324个,企业、居民家中进水达47 797户,屋损屋漏报修达14 860户。市郊178座排涝泵站虽然进行了预排,但由于外河恰逢高潮位,闸排困难,内河水位普遍在3 m以上,川杨河川沙站水位高达3.51 m,周浦塘周浦镇站水位高达3.80 m,孙桥、周浦、康桥、祝桥等地区15.2万亩农田受淹。另外浦东的孙桥地区8月6日还出现了龙卷风。

"麦莎"台风。2005年8月6日(农历七月初二),第9号台风"麦莎"在浙江玉环县登陆,最大风力12级(风速35 m/s)。2005年8月5日到7日的三天时间里严重影响上海,上海出现了大风、暴雨、高潮三碰头的严峻局面。最为严重的一天是8月6日,全市普降大暴雨,局部特大暴雨:徐家汇站最大1小时雨量42 mm,南汇的周浦、芦潮港,奉贤的青村,市区的普陀、徐汇、长宁、虹口日雨量都超过了200 mm,其中周浦雨量最大,日雨量达292 mm;虽然吴淞口最高潮位 5.04 m,低于 9711 号台风期间的 5.99 m,但是黄浦公园站 4.94 m、米市渡站 4.38 m、淞浦大桥站 4.46 m、泖港站 4.28 m、洙泾站 4.10 m,均超过 9711 号台风期间创下的历史纪录。8 月 7 日凌晨,中心城区河道水位也普遍创出新的历史纪录,苏州河水闸内水位达 4.55 m、虹口港闸内水位达 4.36 m、北新泾闸内水位达 4.31 m、虬江闸内水位达 4.39 m、杨树浦港闸内水位达 4.25 m,苏州河、虹口港、杨树浦港、虬江、新泾港等多条河道沿线泵站因河道水位过高被迫停机。市区 200 余条马路积水,5 万余户居民家中进水;虹桥、浦东两个机场取消起降航班约 1 000 架次,受阻旅客 10 万人左右。3 人因工棚、房屋倒塌死亡,4 人因触电死亡。地铁 1 号线常熟路到徐家汇区间,因积水停运 5 小时。全市 52 万棵树木倒伏,753 条 1 万伏以上高压线受损,15 600 间房屋倒塌,郊区 83.76 万亩农田受灾。这次涝灾范围大,影响面很广,各水利片都有不同程度的灾情,浦东片腹部的周浦、康桥也受灾严重。

"菲特"台风。2013 年 10 月 7 日(农历九月初三),第 23 号台风"菲特"在福建福鼎沙埕镇登陆,最大风力 14 级(风速 42 m/s)。上海、浙江、福建沿海出现 0.6~2.2 m 的风暴增水,吴淞口最高潮位达 5.15 m,浙江北部、浙江东部、福建东北部及上海部分地区降雨 200~350 mm,浙江余姚、宁波和杭嘉湖部分地区降雨达 400~600 mm。黄浦江水位持续高涨,米市渡水位创 4.61 m 历史纪录,形成台风、暴雨、天文高潮、上游洪水"四碰头"的严峻局面,金山部分堤防发生漫溢。上海实测最大累计雨量为松江工业区 372.8 mm,最大 24 小时雨量为 332 mm,仅次于 1963 年"63·9"大团暴雨的最大 24 小时雨量,金山、松江、青浦、嘉定等西部地区的涝灾较严重,41 万亩农田受灾。

"烟花"台风。2021 年 7 月 25 日(农历六月十六),第 6 号台风"烟花"在浙江舟山登陆,26 日在浙江嘉兴平湖再次登陆,最大风力 14 级(风速 42 m/s)。"烟花"移动速度慢,导致其对上海的风雨影响从 7 月 23 日起一直持续到 28 日,影响时间长达 6 天,历史罕见。26 日,全市出现大到暴雨,局部大暴雨。23 日—28 日,全市平均降雨 286.1 mm,在全市 654 个测站中,单站雨量最大为金山区的金山站 506.7 mm。全市最大日面雨量为金山区 131.8 mm(26 日),最大单站日雨量为浦东新区滴水湖闸(闸内)站 209 mm(25 日),最大 60 分钟雨强为金山区廊下站 41 mm(24 日)。台风影响期间,恰逢天文大潮,上海出现"风暴潮洪"四碰头。26 日—28 日,沿江沿海风暴潮增水在 0.60~1.70 m 之间。吴淞口最高潮位 5.55 m,米市渡最高潮位达 4.79 m 再创历史新高,黄浦江上游的洙泾、夏字圩、泖甸、金泽、东团、枫围、茹塘、商榻,以及苏州河赵屯站同步超历史纪录,水利控制片内的浦南东片张堰站,浦东片南桥、祝桥站超历史纪录,青松片青浦南门站平历史纪录。受降雨及杭嘉湖地区来水影响,直至 29 日米市渡站仍维持 4.0 m 以上的高潮位,太浦河平望站最高水位达 4.19 m(28 日),超警戒水位(3.44 m)长达 11 天,上海西部的青浦朱家角、金山廊下等低洼地区受淹。

3.1.3　暴雨积水

《上海市防汛工作手册》对暴雨积水有明确的定义。(1)市政道路积水:积水深度为路边大于等于 15 cm(即与道路侧石齐平)或道路中心有水,积水时间大于 1 小时(雨停后),积水范围大于等于 50 m²。(2)街坊积水:积水深度大于等于 10 cm,积水时间大于等于 0.5 小时(雨停后),积水范围大于等于 100 m²。可见,暴雨积水的历时比较短,与排水标准的 1 小时暴雨是匹配的,与涝灾受淹退水时间需要 1 天甚至 2 天相比差异十分明显。如果暴雨期间河网水位并不高,而雨水来不及排到河道,就属于暴雨积水,应对策略是扩大管道和雨水泵站规模,而不是扩大河道规模,或者增加外围排涝泵站规模。

"8·18"暴雨。 2000 年 8 月中旬,受低压槽静止锋影响,自 8 月 17 日起,上海市连续 3 天午后出现强雷暴雨天气,其中 17 日主要集中在松江、黄浦、南市、卢湾、徐汇(最大在松江,雨量为 90 mm),18 日主要集中在浦东新区西部、黄浦、南市、静安、虹口、卢湾、杨浦、普陀、闸北、嘉定,最大雨量是浦东塘桥泵站 125 mm,19 日主要集中在杨浦、崇明、宝山、浦东新区北部,最大雨量是杨浦的国和地区 133 mm。浦东塘桥、陆家渡地区雨量在 90 分钟内分别达 125.3 mm 和 121 mm,国和地区 60 分钟雨量达 105 mm。由于降雨过于集中、暴雨与天文高潮位相遇,以及虹口港、杨树浦港、走马塘等河道调蓄量很小,关闸挡潮后,内河水位快速上升,很快达到设计水位极限,为防止内河防汛墙溃决,沿线市政雨水泵站被迫停机 1～2 小时。8 月 17 日、18 日、19 日局部大暴雨造成市区 1.9 万户居民家中进水,260 条(段)马路积水。

"8·25"暴雨。 2008 年 8 月 25 日清晨,上海中心城区出现了罕见的强雷电和大暴雨天气,上海中心气象台警报不断:5 时 54 分发布雷电黄色预警;6 时 25 分发布暴雨黄色预警;7 时 31 分升级为暴雨橙色预警。徐家汇站 1 小时最大雨量达 119.6 mm,为有气象记录 130 年以来最大 1 小时雨量。突发强降水造成中心城区 60 多条马路积水,百余户居民家中进水,部分交通主干道地道被水淹没,中环吴中路、衡山路、祁连山路等下立交桥因积水严重而封闭,中环吴中路地道交通中断 24 小时。由于正值上班高峰期,大量人员被困上班途中,给城市交通运营和工作生活带来严重影响。

"9·13"暴雨。2013 年 9 月 13 日,受高空槽东移和副热带高压边缘暖湿气流共同影响,15 时 30 分起,本市浦东地区和中心城区发生强对流天气,出现短时暴雨,并伴有雷电和雷雨大风天气。强降雨主要发生在浦东陆家嘴地区、徐汇区、长宁区、黄浦区和松江区等,其中浦东新区气象站过程累计雨量150.1 mm(13 日 08 时到 14 日 08 时)为最大,浦东世纪公园最大 1 小时雨量达 127.3 mm,超过 2008 年"8·25"大暴雨时徐家汇的 119.6 mm。暴雨造成全市 150 余条(段)马路积水 0.1～0.6 m,中心城区道路交通拥堵加剧,浦东局部地区交通一度瘫痪,轨道交通 2 号线、6 号线先后发生长时间故障。

3.2　上海市洪涝灾害的天气类型

3.2.1　梅雨

梅雨是发生在江淮一带具有特定天气含义的天气系统,在地面天气图上表现为一条呈东北西南向的准静止锋带(亦称梅雨锋系),从江淮流域延伸到日本西南部一带。在锋带附近常伴随着一条狭长的降水区,其南北宽度有百余千米至数百千米,东西长数千千米。

形成梅雨的天气系统主要为静止锋,降水一般有两种情况:一是静止锋基本稳定在长江下游及上海附近,静止锋北侧多阴雨天气,常有大雨、暴雨发生,而静止锋南侧多雷阵雨天气,闷热潮湿;二是静止锋上不断有气旋产生并东移,当气旋移经长江下游和上海时,带来大雨、暴雨或雷阵雨天气。

入梅出梅的时间各地略有不同。上海常年平均入梅日为 6 月 17 日,出梅日为 7 月 10 日,梅雨期约为 23 天。有的年份梅雨期很长,如 1954 年长达 58天,1991 年为 43 天,1999 年为 43 天;有的年份则很短,梅雨期不超过 3 天,如1965 年、2005 年被称为"空梅年"。

梅雨的特点是雨时长、总雨量大、笼罩面广,特别是整个太湖流域梅雨笼罩时,上游产生的洪涝源源不断下泄,外河水位居高不下,本地暴雨产生的涝水排出困难,当日雨量达到暴雨或大暴雨级别,再遭遇高潮就容易造成涝灾。

上海常年平均梅雨量 243.1 mm。1954 年全市梅雨量 460.1 mm,1991年全市梅雨量为 474.4 mm,1999 年全市梅雨量达到 815.4 mm,这三次梅雨都造成了流域性涝灾,青浦、松江、金山等西部低洼地区受灾较严重,是比较典型的梅雨型涝灾。

3.2.2　台风暴雨

台风生成于热带洋面,因而水汽充沛,其降水量的大小取决于上升运动的强度,越靠近中心,降水强度就越大。

当台风由热带进入中高纬度,与西风带天气系统遭遇,常常会产生更大强度的暴雨,远远超过单纯台风系统的降水。其一是遭遇冷空气而产生的暴雨,其二是有其他天气系统(如低压切变等)配合而产生暴雨,甚至特大暴雨。例如,1963 年的大团暴雨为台风倒槽暴雨,是本市面雨量最大的暴雨;2021 年"烟花"台风的东南风水汽输送是郑州"7·20"超特大暴雨的最关键因素之一。

上海台风暴雨以 7 月—9 月出现机会最多,占全年的 78.6%,最早出现在 1961 年 5 月 18 日,最晚出现在 2016 年 10 月 22 日;暴雨持续时间大都在 12 小时左右,长的可达 24 小时~72 小时,影响时间最长的"烟花"台风有 5 天降雨。

台风暴雨的特点是 24 小时雨量大、雨强强、笼罩面较广,在台风暴雨期间,往往出现大风、暴雨、高潮、洪水"三碰头"或"四碰头"的严峻局面。由于天文高潮和风暴增水影响,潮水顶托,河道水位快速上升,区域涝水排出困难,极易造成涝灾。1963 年"63·9"、2005 年"麦莎"、2013 年"菲特"是比较典型的台风暴雨型涝灾。

3.2.3　雷暴雨

当出现强对流天气时,往往伴随着狂风、暴雨和雷电,称之为雷暴雨。

从时间上分析,上海的雷暴雨一年中多发于 6 月—9 月,尤以 7 月—8 月更为突出,其中 8 月最多。

从空间上分析,上海有两个主要多雷暴雨地带,一个在东北部,从崇明、宝山、浦东北部至南汇,沿长江、东海一带;另一个在西南部,从青浦至金山一带。但近十多年来,由于城市热岛效应的作用,雷暴雨在市区也有增多的趋势。

雷暴雨的特点:一是突发性强,强雷阵雨云团从初生到强盛都不到半个小时,一般持续时间不到 2 小时;二是局部性强,强雷阵雨都集中在 1~2 个行政区范围,且分布范围不均,市区多于郊区;三是雨势强,由于流场气流弱,雷雨云团移速慢,云团生成后往往滞留在一个地区,造成集中降雨,1 小时最大雨量可达 50~80 mm,个别地区甚至达到 100 mm 以上。

雷暴雨容易产生积水,且退水较快,一般对河网水位影响不大,不会酿成大范围涝灾。但对于河道稀少、水面率低的区域,由于降雨过于集中,降雨量远超过河道调蓄量,当暴雨与天文高潮相遇时,河道外排困难,关闸挡潮后,内河水位快速上升,很快到设计水位极限,为防止内河防汛墙溃决,沿线市政雨水泵站被迫长时间停机,将造成道路、街坊积水受淹。2000 年"8·18 暴雨"是比较典型的雷暴雨灾害。

总的来说,不同暴雨类型引起的涝灾影响区域、影响范围和影响程度也不同,上海市涝灾多发区有几个特点:(1) 暴雨多发,径流较强;(2) 地势较低,外排困难;(3) 河道较少,调蓄不足。

3.3 上海市洪涝灾害特点与变化趋势

3.3.1 洪涝灾害特点

1. 上海市的洪潮灾害主要由台风遭遇天文高潮造成,长江口、杭州湾、黄浦江沿线风险较大

上海的洪潮灾害主要是潮灾,强台风不仅产生大幅度增水,遭遇天文高潮时往往出现历史最高潮位,而且强劲的风浪可以摧毁海塘和堤防,造成灾害。例如 4906 号台风、5612 号台风、6207 号台风、7413 号台风、8114 号台风、9711 号台风都给千里海塘、千里江堤沿线区域造成了洪潮灾害。

2. 上海的涝灾主要由台风暴雨和特大梅雨造成,台风暴雨容易造成全市性或各水利片涝灾,梅雨容易造成西部低洼地区大面积涝灾

(1) 台风暴雨涝灾特点。台风往往伴随着暴雨,台风暴雨型涝灾特点是河网水位高于警戒值,涉及范围广,影响时间较长,不管西部地区还是东部地区,都有可能产生大面积涝灾。台风影响上海一般约 1～2 天,暴雨持续时间 1 天左右,总雨量一般不及梅雨,但日雨量大,20 年一遇最大 24 小时暴雨约 200 mm。台风暴雨的笼罩面积虽然没有梅雨那么大,但足以覆盖整个上海市。台风暴雨期间,台风增水叠加天文高潮作用,使得各水利片外围河道水位都比较高,水利片外排受高水位顶托,闸排能力受到限制,河网调蓄发挥关键作用。由于台风预报早,可以有时间预降河网的水位,以增加河网有效调蓄空间;暴雨过后,退水也比较快,一般受涝时间不超过 1 天,西部低洼地区或外排困难的腹部区域可能需要 2～3 天才能退水。台风活动多变,东部、西部乃至全境均可能发生涝灾。例如,1963 年"63·9"暴雨造成全市性严重涝灾,东部比西部更加严重;2005 年"麦莎"台风暴雨造成全市性严重涝灾,中心城区受灾比较严重;2013 年"菲特"台风暴雨没有造成全市性严重涝灾,由于暴雨雨峰到

来时,正处于落潮,沿海排水快,东部灾情较轻,但是金山、青浦、松江等西部地区涝灾比较严重。

(2)梅雨涝灾特点。流域性特大梅雨一般造成洪灾、涝灾同步发生,上海地处流域下游,地形平坦,梅雨产生的洪灾不多,主要产生涝灾。

梅雨型涝灾的特点是河网水位长时间超过警戒值,涉及范围很广,影响时间很长,地势低洼、排水条件差的西部区域容易产生大面积涝灾。梅雨不仅降雨时间很长,笼罩范围很大,而且总雨量大。流域性大梅雨 30～90 天降雨,总雨量可超过 450 mm,使得平原河网的水位整体抬升比较高,高水位持续时间也较长,退水很慢。这种情况下,再遭遇几天大暴雨,即使日暴雨量没有达到规划雨量标准,也容易产生区域性涝灾。梅雨产生涝灾的概率,西部低洼地区高于东部沿江沿海区域。例如 1954 年、1991 年、1999 年流域性大梅雨,青浦、松江、金山等西部区域受外洪内涝夹击,灾情严重,东部区域灾情较轻。

3. 暴雨积水主要由雷暴雨造成,城市化地区比较多发,但是连续 3 小时以上的暴雨也可能引发洪涝灾害

雷暴雨一般不会引发洪灾、涝灾,主要容易造成城市化地区局部积水。雷暴雨积水特点是积水区域范围较小,影响时间较短,城市化地区都容易产生局部性积水。涉及面比较广的连续性大暴雨,也会产生小区域涝灾,但这种情况比较少见。突发性强暴雨总雨量不大而雨强大,笼罩面积较小、暴雨历时较短,河网水位受到的影响较小。由于雨强超过市政雨水排水系统的设计标准,容易产生局部地区短时间积水,雨停后,路面与街坊积水很快退入河网,一般不出现大面积涝灾。但是城市化程度高、河道少、水面率低的地区,连续 3 小时暴雨就可能引起河道水位暴涨,产生洪涝风险。

4. 风暴潮洪叠加更容易引发严重的洪涝灾害叠加

梅雨、台风暴雨、雷暴雨三种暴雨类型的影响范围、持续时间都有所差异,是否造成洪涝灾害,以及灾害的影响程度,不仅取决于降雨总量、降雨强度、降雨历时、空间分布以及区域蓄排能力,还取决于台风增水、天文高潮、上游洪水等情况。

台风、暴雨、天文高潮和上游洪水可能单一发生,但更多的是相伴而生、叠加影响,这是由上海滨江临海、地处太湖流域下游,以及台风、暴雨多发的地理和气候条件决定的。上海地区所谓的"二碰头""三碰头""四碰头"是指台风、暴雨、天文高潮、上游洪水中有两种、三种或四种灾害同时影响上海,导致上海地区出现严重的风、暴、潮、洪灾害,因此,"二碰头""三碰头""四碰头"的威胁始终是上海的心腹之患,更是防汛工作的重中之重。

"二碰头"在上海地区几乎年年都会发生,是上海防汛日常防御的主要对象。暴雨和天文高潮遭遇会加重涝灾;台风和暴雨遭遇除了加重涝灾,还会加重风灾;台风与天文高潮遭遇会使上海沿海、沿江、沿河地区出现高潮位,易发生严重潮灾,沿杭州湾、长江口地区甚至会出现灾难性潮灾。

"三碰头"在上海的防汛工作中并不少见,据资料统计,每隔几年就会出现一次,1997 年以来就出现过 4 次。(1) 1997 年 8 月 18 日至 19 日,9711 号台风影响上海,出现了台风、暴雨、天文高潮"三碰头"。杭州湾、长江口和黄浦江沿线都出现了有记录以来的最高潮位,黄浦公园站最高水位达 5.72 m,出现了严重的潮、涝、风灾,全市累计直接经济损失达 6.35 亿元。(2) 1999 年梅雨期,太湖流域出现了全流域特大梅雨,太湖平均水位超过历史纪录,连续通过太浦河、红旗塘向黄浦江泄洪;梅雨期上海出现了 8 次暴雨过程,其中 2 次大暴雨;黄浦江沿线 17 个水文站水位突破历史纪录,导致太湖洪水、暴雨和天文高潮"三碰头",上海西部地区和市区发生严重的洪涝灾害,累计直接经济损失达 8.71 亿元。(3) 2000 年"派比安"台风挟暴雨侵袭上海,恰逢天文大潮,杭州湾、长江口和黄浦江干流出现次高潮位,黄浦公园站潮位达 5.7 m,造成一定的风、涝、潮损失,全市直接经济损失达 1.22 亿元。(4) 2005 年 8 月 7 日上海受到"麦莎"台风影响,全市普降大暴雨到特大暴雨;由于恰逢天文大潮,米市渡实测潮位超过历史纪录,达 4.38 m;苏州河、杨树浦港、虹口港、彭越浦、新泾港等市区内河水位也创历史新高。上海出现台风、暴雨、天文高潮"三碰头"的严峻局面,全市直接经济损失 13.58 亿元。

"四碰头"比较少见,1949 年以来上海出现 2 次风暴潮洪"四碰头"灾害。(1) 2013 年第 23 号台风"菲特"侵袭上海,给福建、浙江、上海、江苏等地带来强风暴雨。10 月 7 日—8 日,上海市出现了台风、暴雨、天文高潮和上游洪水"四碰头"的严峻局面,这是上海防汛历史上首次记录"四碰头"灾害。据统计,因受"菲特"台风影响,全市受灾人口 12.4 万人,倒塌房屋 27 间,死亡 2 人,紧急转移安置近 7 549 人,直接经济损失约 9.53 亿元。(2) 2021 年"烟花"台风期间再出现"四碰头"情况。"烟花"移动速度慢,导致其对上海的风雨影响从 7 月 23 日起一直持续到 28 日,影响时间长达 6 天,历史罕见。太浦河平望站最高水位达 4.19 m(28 日),超警戒水位(3.44 m)长达 11 天。26 日全市出现大到暴雨,局部大暴雨,恰逢天文大潮,米市渡站最高潮位达 4.79 m,再创历史新高,苏州河赵屯站同时超历史纪录,受降雨及杭嘉湖地区来水影响,米市渡站以上水位均创历史新高,上海西部的青浦朱家角、金山廊下等低洼地区受淹。

3.3.2　洪涝灾害变化趋势

1. 洪潮风险增加,但洪潮灾害呈减少趋势

1949 年以来,上海出现 6 次洪潮灾害,均由台风造成,最高水位上升趋势十分明显,表明洪潮风险在增加。每次洪潮灾害过后,海塘堤防不断加高加固,受灾面积和死亡人口在减少,表明我们的防御能力在增强,有效地保护了人民生命和财产安全。5 次台风的风速达到 30～45 m/s,风暴增水显著,而7413 号台风风速 12 m/s,却使黄浦公园水位创历史新高,这值得我们深入研究和警惕。4906 号台风是洪潮灾害与涝灾叠加的典型案例,日雨量148.2 mm 达到大暴雨等级,在发生潮灾的同时还发生涝灾,受灾面比其他5 次洪潮灾害要大得多。

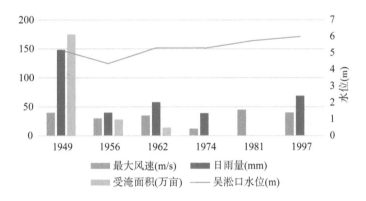

图 3.3-1　1949 年来 6 次较严重潮灾的特点与水位变化

2.涝灾频繁,但受灾面积呈减少趋势

1949 年以来,上海较严重涝灾有 13 次,受灾频次是洪潮灾害的两倍,但受灾面积呈减少趋势。治涝的成就主要得益于大规模的水利工程建设,特别是1977 年以后的骨干河道开挖、外围控制工程建设。13 次涝灾中 1954 年和1999 年为梅雨,1999 年梅雨与 1954 年梅雨相比,总暴雨量与最大日暴雨量都大得多,但受淹面积只是小幅度增加,如果没有这些骨干河道的调节、蓄排,以及外围控制,如此高的水位可能将青浦、松江、金山等西部低洼地全部淹没。1969 年和 2001 年为静止峰暴雨,1991 年为低压暴雨,这些暴雨历时长、范围大、强度大,暴雨中心的日雨量都超过 200 mm,甚至连续 5 天出现暴雨和特大暴雨。其余 8 次为台风暴雨或与台风有关系的暴雨,1977 年东风波扰动引起的"77·8"暴雨带来上海市最大点雨量,1963 年台风倒槽引起的"63·9"暴雨带来上海市最大面雨量,造成的灾害十分严重,1991 年至 2021 年间没有出现这样严重的灾害。

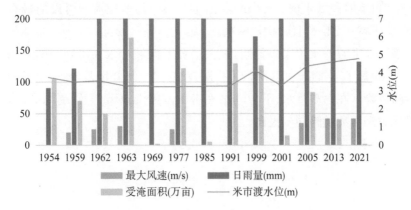

图 3.3-2　1949 年来 13 次较严重涝灾的特点与水位变化

2021 年与 1959 年都是台风暴雨,暴雨中心的最大日雨量分别 131 mm 和 121 mm,但 2021 年的受灾面积要比 1959 年小得多,说明遭遇台风暴雨时,当前的除涝能力显著增强。

3. 流域水位趋势性抬升,因洪致涝突出

米市渡站从 1917 年有测量记录以后,到 1988 年以前的 72 年中,最高水位从未超 1921 年创下的 3.8 m 记录,但随着太湖流域、区域及城市防洪除涝工程的建设完善,涝水归槽,行洪排涝通道最高水位升高明显:1989 年 3.86 m、1992 年 3.92 m、1993 年 3.96 m、1996 年 4.03 m,连创新高;9711 号台风、2005 年"麦莎"台风、2013 年"菲特"台风、2021 年"烟花"台风,分别创 4.27 m、4.38 m、4.61 m、4.79 m 新高。

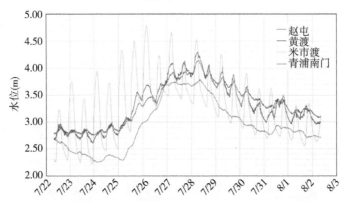

图 3.3-3　"烟花"台风期间流域通道及青松片内河实测水位过程

流域通道的低水位抬升也十分显著。"麦莎""菲特""烟花"台风暴雨的米市渡低水位的最高值达到 2.94 m、3.33 m、3.5 m。低水位 3.5 m 比规划"63·9"典型时段低水位 2.18 m,高出 1.32 m,甚至比典型时段的最高水位 3.28 m 还高 0.22 m,且一次比一次高。

黄浦江上游低水位大幅抬高,大大削弱了区域涝水在落潮期间乘潮自排的能力,缩短了可排涝时间,降低了排涝效率,加上预降困难,增大了低洼区域的内涝风险。在上游洪水、下游潮水夹击下,"因洪致涝"问题更为突出,区域防洪压力和涝灾风险同步提高。

第4章
上海市城市发展与防洪除涝规划情况

4.1 上海市经济社会发展现状

4.1.1 行政区划与人口分布

根据 2020 年上海市统计年鉴,上海市共 16 个区,共 106 个镇,2 个乡,107 个街道办事处,4 507 个居民委员会和 1 570 个村民委员会。

16 个行政区中,郊区的面积都超过 300 km^2,老市区的面积均不足 100 km^2。浦东新区和崇明区由于行政区划调整,面积特别大,面积均超过 1 000 km^2,面积大约是最小行政区面积的 60 倍;奉贤、青浦、松江、金山、闵行、宝山等 6 个行政区,面积约 300~700 km^2;杨浦、普陀、徐汇、长宁、静安、虹口、黄浦等 7 个行政区,面积约 20~60 km^2。

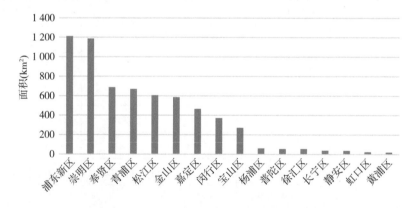

图 4.1-1 上海市各行政区划土地面积分布图

全市常住人口 2 487.09 万(第七次全国人口普查数据),人口总量和人口密度居全国及世界发达城市前列。虹口、黄浦、静安、普陀、杨浦、徐汇、长宁等 7 个区人口密度,均超世界发达城市东京和纽约的 1.3 万人/km²。

从人口密度来看,老市区的虹口、黄浦、静安、普陀、杨浦、徐汇、长宁等 7 个行政区,人口密度约为 1.8 万~3.4 万人/km²。近郊的宝山、闵行、浦东新区、嘉定、松江等 5 个行政区,人口密度约为 0.3 万~0.7 万人/km²。远郊的青浦、奉贤、金山、崇明等 4 个行政区,人口密度约为 0.06 万~0.2 万人/km²。上海如此高的人口密度,如果遇到洪涝灾害,其灾害损失和影响也会放大。

表 4.1-1 上海市行政区划和人口分布概况

地区	土地面积(km²)	镇	乡	街道办事处	居民委员会	村民委员会	常住人口(万人)	其中外来人口(万人)	人口密度(人/km²)
浦东新区	1 210.41	24	—	12	996	362	556.70	234.22	4 599
黄浦区	20.46	—	—	10	177	—	65.08	17.83	31 808
徐汇区	54.76	1	—	12	306	—	109.46	27.45	19 989
长宁区	38.30	1	—	9	185	—	69.36	17.96	18 110
静安区	36.88	1	—	13	267	1	105.77	26.83	28 680
普陀区	54.83	2	—	8	259	7	127.58	34.03	23 268
虹口区	23.48	—	—	8	204	—	79.40	15.46	33 816
杨浦区	60.73	—	—	12	302	—	130.49	27.63	21 487
闵行区	370.75	9	—	4	452	117	254.93	125.14	6 876
宝山区	270.99	9	—	3	400	103	204.43	83.78	7 544
嘉定区	464.20	7	—	3	221	143	159.60	90.48	3 438
金山区	586.05	9	—	1	108	124	80.70	27.32	1 377
松江区	605.64	11	—	6	267	85	177.19	106.31	2 926
青浦区	670.14	8	—	3	146	184	123.31	71.43	1 840
奉贤区	687.39	8	—	3	136	175	115.78	57.72	1 684
崇明区	1 185.49	16	2	—	81	269	68.36	14.12	577
合计	6 340.50	106	2	107	4 507	1 570	2 428.14	977.71	3 830

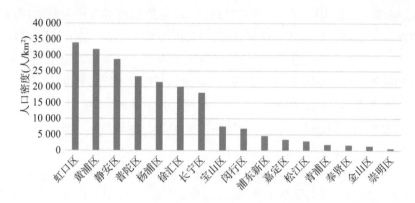

图 4.1-2　上海市各行政区人口密度分布图

4.1.2　产业布局与经济发展

上海市是我国的经济、金融、贸易、航运和科创中心,产业门类齐全。上海市集聚了金融、航运物流、现代商贸、信息服务、文化创意、旅游会展等一批高端服务业,培育了电子信息产品制造业、汽车制造业、石油化工及精细化工制造业、精品钢材制造业、成套设备制造业、生物医药制造业六个重点工业行业,逐步形成了中心城区以现代服务业为主、郊区以先进制造业为主的产业空间布局。

上海嘉定汽车产业园区、上海张江高科技园区、上海临港装备产业区、上海长兴岛船舶与海洋工程装备区、上海化学工业区、上海石化工业区、上海漕河泾新兴技术开发区、上海紫竹高新技术产业开发区等一大批产业园区分布在全市各地。至 2020 年,上海国家新型工业化产业示范基地达到 20 个,战略性新兴产业制造业产值提高到 13 931 亿元,占规模以上工业总产值比重提高到 40%。另外,青浦区定位为长三角生态绿色一体化示范区,崇明岛定位为世界级生态岛,虹桥国际商务区的定位为国际贸易、国际会展中心,依托浦东机场与铁路上海东站的东方枢纽将打造"虹桥枢纽 2.0 升级版",上海的产业发展日新月异。

2022 年,上海市人民政府印发《上海打造未来产业创新高地发展壮大未来产业集群行动方案》,目标到 2030 年,未来产业产值达到 5 000 亿元左右。到 2035 年,上海要形成若干领跑全球的未来产业集群。(1)在浦东、宝山、闵行、金山、奉贤等区域,提升"张江研发＋上海制造"承载能力,打造未来健康产业集群。包括脑机接口、生物安全、合成生物、基因和细胞治疗等。(2)在浦东、徐汇、杨浦、宝山、闵行、嘉定、青浦等区域,以场景示范带动产业发展,打造未来智能产业集群。包括智能计算、通用 AI、扩展现实(XR)、量子科技、6G 技术等。(3)在浦东、闵行、嘉定等区域,打造未来能源产业集群。包括先进核能、新型储能等。(4)在浦东、杨浦、闵行、金山、松江、青浦、崇明等区域,打造未来空间产业集群。包括深海探采、空天利用。(5)在浦东、宝山、金山等区域,提升产业转化承载能力,打造未来材料产业集群。包括高端膜材料、高性能复合材料、非硅基芯材料等。

上海的产业布局是全方位的,似乎哪个地块都淹不起、淹不得,这对洪涝风险的防御提出新的、更高的要求。怎样在开发强度增加、用地紧张、河道恢复困难的情况下,进一步提高防洪除涝能力,需要在提高滨水空间的蓄水功能等方面下功夫,控制水位的上升,或者提升重要区域室外地坪高程,避免高水位时受淹。

根据上海市统计公报,至 2020 年末,全市土地面积 6 340.50 km²,占全国的 0.1%;国民生产总值达 38 700.58 亿元,占全国的 3.8%;完成全社会固定资产投资 8 837.47 亿元,占全国的 1.7%;上海关区进出口总额 87 463.10 亿美元,占全国的 27.2%。全年地方一般公共预算收入 7 046.30 亿元,城市和农村居民家庭人均可支配收入为 76 437 元、34 911 元。黄浦区 2021 年地区生产总值达到 2 902.4 亿元,保持中心城区首位、全市第二;经济密度达到 141.44 亿元/km²,人均 GDP 达到 43.84 万元,全国领先。但是也要清醒地认识到,上海的发展已经由高速发展阶段进入到高质量发展阶段,城市需要用钱建设,民生需要花钱改善的地方还很多,工程建设不仅要考虑当下的直接投资成本,更要考虑未来的长期运行成本,走低碳绿色发展之路,促进社会长治久安,造福子孙后代。

改革开放以来,上海的人口大幅增长,经济突飞猛进,一旦发生洪涝灾害,损失严重。但是,提高防洪除涝能力也是有经济代价的,不能一味追求所有地块都搞"高标准"。上海仍然有农业、林业、养殖业等一些产业,这些区域可以比其他区域承受更多的风险。对于局部暴雨而言,地形平坦区域,雨水汇集范围小,积水比较浅,积水时间短,灾害损失不太大。因此,我们在加强防御体系建设、提高城市抵御洪涝灾害能力的同时,也要加强综合调度,确保城市的防洪除涝安全,还要加强宣传和引导,提高民众的心理承受能力,允许一些灾损小的地方积水,甚至"看海",以保护更重要的区域和产业。

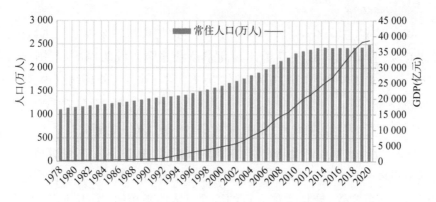

图 4.1-3　上海市 1978—2020 年人口及 GDP 统计图

4.2　上海市城市发展规划与相关专业规划

4.2.1　城市总体规划

1. 目标愿景

《上海市城市总体规划(2017—2035 年)》提出将上海市建设为"卓越的全球城市,令人向往的创新之城、人文之城、生态之城,具有世界影响力的社会主义现代化国际大都市"。

面对全球气候变化和环境资源约束带来的发展瓶颈,上海致力于在2035 年建设成为拥有更具适应能力和韧性的生态城市,并通过空间领域和基础设施方面的示范,成为引领国际超大城市绿色、低碳、可持续发展的标杆。

2. 空间结构

上海市总体规划范围 8 368 km²,其中陆域范围 6 833 km²。规划形成"一主、两轴、四翼;多廊、多核、多圈"的市域总体空间结构。

"一主、两轴、四翼": 以中心城为主体,强化黄浦江、延安路—世纪大道"十字形"功能轴引导,形成以虹桥、川沙、宝山、闵行 4 个主城片区为支撑的主城区,承载上海全球城市的核心功能。

"多廊、多核、多圈": 强化沿江、沿湾、沪宁、沪杭、沪湖等重点发展廊道,培育功能集聚的重点发展城镇,构建公共服务设施共享的城镇圈,实现区域协同、空间优化和城乡统筹。

3. 城乡体系

规划形成"主城区—新城—新市镇—乡村"的市域城乡体系。主城区:包括中心城、主城片区,以及高桥镇和高东镇紧邻中心城的地区,范围面积约1 161 km²,规划常住人口规模约1 400万人。中心城:为外环线以内区域,范围面积约664 km²,规划常住人口规模约1 100万人。主城片区:规划虹桥、川沙、宝山、闵行等4个主城片区,范围面积约466 km²,规划常住人口规模约300万人。新城:重点建设嘉定、松江、青浦、奉贤、南汇等新城,培育成为在长三角城市群中具有辐射带动能力的综合性节点城市,按照大城市标准进行设施建设和服务配置,规划常住人口约385万人。新市镇:突出新市镇统筹镇区、集镇和周边乡村地区的作用,根据功能特点和职能差异,分为核心镇、中心镇和一般镇。乡村:建设美丽乡村,引导农村居民集中居住。

4. 生态空间格局

构筑"双环、九廊、十区"多层次、成网络、功能复合的生态空间格局。

双环:外环绿带和近郊绿环。在市域双环之间通过生态间隔带实现中心城区与外围以及主城片区之间生态空间互联互通。

九廊:宽度1 000 m以上的嘉宝、嘉青、青松、黄浦江、大治河、金奉、浦奉、金汇港、崇明等9条生态走廊,构建市域生态骨架。

十区:宝山、嘉定、青浦、黄浦江上游、金山、奉贤西、奉贤东、奉贤—临港、浦东、崇明等10片生态保育区,形成市域生态基底。

5. 用地控制及河湖水面控制

坚持节约集约利用土地,严格控制新增建设用地,加大存量用地挖潜力度,合理开发利用城市地下空间资源,提高土地利用效率。至2035年,全市规划建设用地总规模控制在3 200 km²以内,全市耕地、林地等非建设用地占全市陆域土地总面积的53.2%以上,全市建设用地控制在全市陆域土地总面积的46.8%以下。

保护并完善黄浦江、苏州河等市域226条骨干河道,纳入河道蓝线严格管控。加强淀山湖周边湖泊群、太浦河、吴淞江、黄浦江上游及全市郊区水系空间保护,禁止围湖和侵占水面,科学开展退田还湖工作。恢复河网水系,保证河湖面积只增不减,市域河湖水面率达到10.5%左右。10.5%水面率已经分解到各行政区,由河道蓝线专项规划落实。至2018年底,各行政区的河道蓝线专项规划均获得上海市政府批复同意,相关蓝线成果已纳入城市规划全要素地形图管控。

4.2.2 防洪除涝规划

1. 规划目标

2020年11月经市政府批复的《上海市防洪除涝规划(2020—2035年)》提出,至2035年,基本建成与上海社会主义现代化国际大都市发展定位相适应的城乡一体、洪涝兼治、安全可靠、水岸生态、人水和谐、管理智慧、具有韧性的现代化防洪除涝保障体系。

2. 防洪除涝标准

洪潮防御标准:长江口杭州湾主海塘防潮标准为200年一遇高潮位+12级风(无限风区的波浪要素按《长江口杭州湾开敞水域岸段的设计波浪要素推算研究》成果推算,有限风区的波浪要素按莆田公式推算);黄浦江市区段堤防防御标准为1000年一遇高潮位;黄浦江上游堤防防御标准为50年一遇高潮位,并同时达到防御太湖流域不同降雨典型100年一遇的洪水标准(太湖流域100年一遇降雨的计算水位低于50年一遇高潮位,实际防洪水位由50年一遇高潮位确定)。

区域除涝标准:采用20年和30年一遇治涝标准。即主城区等重要地区30年一遇、其他地区20年一遇最大24小时面雨量,1963年9月设计暴雨雨型及相应同步潮型,24小时排除,不受涝。

3. 防洪除涝规划布局

规划立足上海滨江临海地理区位和河口湾区潮汐特点,构建由"1弧3环、2江4河、1网14片"组成的防洪除涝体系和布局。

"1弧3环"千里海塘防潮体系主要防御沿江沿海高潮位,"1弧"指本市大陆弧形主海塘,"3环"指崇明三岛环形主海塘,总长424.9 km。

"2江4河"千里江堤防洪体系主要防御上游洪水和下游潮水,"2江"指黄浦江、吴淞江,"4河"指太浦河、拦路港—泖河—斜塘、大蒸塘—圆泄泾、胥浦塘—掘石港—大泖港等4条黄浦江上游主要支流,总长532.5 km。

"1网14片"河、湖、泵、闸、堤等工程是全市防洪除涝体系基础,"1网"指覆盖全市的一张河网,"14片"指14个水利分片。一张河网中骨干河道226条,其中主干河道71条(不包括长江),总长1 823 km;次河道155条,总长1 864 km。

3. 规划控制指标

表 4.2-1 各水利片规划河湖水面率表

序号	水利片	河湖水面率 （不含主要片界河道）	河湖水面率 （含主要片界河道）	备注
1	嘉宝北片	8.61%	8.97%	
2	蕴南片	2.47%	6.52%	
3	淀北片	3.53%	5.77%	
4	淀南片	8.00%	12.00%	
5	青松片	8.64%	9.44%	
6	浦东片	9.21%	9.91%	不含南汇东滩面积
7	浦南东片	8.39%	9.03%	
8	浦南西片	8.03%	8.99%	不设大包围
9	太南片	9.67%	13.70%	
10	太北片	18.96%	24.36%	不含浙江地块面积， 河湖水面积含金泽水库面积
11	商榻片	16.87%	68.79%	不设大包围
12	崇明岛片	10.48%	10.48%	不含东风西沙、江苏地块面积
13	长兴岛片	10.00%	10.00%	不含青草沙、中央沙面积
14	横沙岛片	13.39%	13.39%	不含横沙东滩面积
合计		9.0%	10.5%	

表 4.2-2 各行政区规划河湖水面率表

序号	行政区	2020年河湖水面率（%）	2035年河湖水面率（%）	备注
1	宝山区	7.82%	7.91%	
2	嘉定区	8.59%	10.00%	
3	闵行区	8.90%	10.46%	
4	松江区	8.41%	9.06%	
5	青浦区	18.69%	18.94%	河湖面积包含金泽水库

续表

序号	行政区	2020 年河湖水面率(%)	2035 年河湖水面率(%)	备注
6	浦东新区	11.30%	10.60%	近、远期的行政区面积不同
7	奉贤区	7.99%	8.84%	
8	金山区	7.21%	9.21%	
9	崇明区	10.10%	10.61%	不含青草沙、中央沙、东风西沙水源地面积
10	黄浦区	9.24%	9.24%	
11	徐汇区	7.22%	8.24%	
12	长宁区	2.86%	2.86%	
13	静安区	1.80%	1.82%	
14	普陀区	3.65%	3.98%	
15	虹口区	4.06%	4.17%	
16	杨浦区	9.78%	9.96%	
全市合计		10.1%	10.5%	

表 4.2-3　各水利片规划水位情况表

序号	水利片	常水位 (m)	除涝设计预降 水位(m)	除涝设计面 平均高水位(m)	备注
1	嘉宝北片	2.5~2.8	2.00	3.80	
2	蕰南片	2.5~2.8	2.00	4.44	
3	淀北片	2.5~2.8	2.00	3.80	
4	淀南片	2.5~2.8	2.00	3.60	
5	青松片	2.5~2.8	1.80	3.50	
6	浦东片	2.5~2.8	2.00	3.75	
7	浦南东片	2.5~2.8	2.00	3.75	原规划 3.90 m
8	浦南西片	2.5~2.8	—	—	不设大包围
9	太南片	2.4~2.6	2.00	2.80	
10	太北片	2.5~2.8	2.50	3.30	

序号	水利片	常水位（m）	除涝设计预降水位（m）	除涝设计面平均高水位（m）	备注
11	商榻片	2.5～2.8	—	—	不设大包围
12	崇明岛片	2.5～2.8	2.10	3.75	
13	长兴岛片	2.2～2.3	1.70	2.70	
14	横沙岛片	2.2～2.3	1.70	2.70	

4.2.3 雨水排水规划

雨水排水的任务是将地表雨水排入河道,几年前住建部门开始使用"内涝防治"的名称,但本质上雨水排水工程不属于除涝的范畴,应对措施与传统除涝完全不同。然而,雨水排水与防洪除涝风险有一定关联,因此,本书有必要介绍一下雨水排水规划,以及雨水排水与防洪除涝的相互关系和相互影响。

1. 规划标准

规划采用的暴雨强度公式如下:

$$q = \frac{1\ 600(1 + 0.846 \lg p)}{(t + 7.0)^{0.656}}$$

式中:q——设计暴雨强度,L/(s·hm²)[升/(秒·公顷)];

p——设计暴雨重现期,a(年);

t——设计降雨历时,min(分钟)。

表 4.2-4 雨水排水系统重现期标准

标准名称	标准值
排水系统设计重现期	主城区(含中心城)及新城 5 年一遇
	其他地区 3 年一遇
地下通道和下沉式广场设计重现期	≥30 年一遇
内涝防治设计重现期	50～100 年一遇
强排系统初期雨水截流标准	合流制≥11 mm、分流制≥5 mm

注:内涝防治重现期的地面积水设计标准为:居民住宅和工商业建筑物底层不进水,道路中一条车道积水深度不超过 15 cm。

雨水排水所采用的标准为短历时暴雨标准,与除涝标准考虑的 24 小时面雨量,有本质的不同。雨水排水系统由暴雨强度决定管道的直径和雨水泵站的流量大小,一般不考虑暴雨总量,也不考虑河道能否承受。

2. 排水体制

规划排水体制以分流制为主、合流制为辅,其中新建地区采用分流制;建成区维持现有排水体制,对分流制地区持续推进雨污分流改造,对已建合流制采用截流调蓄处理等措施进行完善,通过初期雨水调蓄,以减少初期雨水污染对河道水质的影响。

3. 排水分区

按规划水利分片边界,将本市雨水排水划分为 14 个排水分区,并按照排水模式不同,将各分区内的城镇用地进一步细分为若干强排系统地区和自排地区。其中,中心城主要涉及嘉宝北片、蕰南片、淀北片和浦东片,该区域以强排模式为主、自排模式为辅。其他地区以自排模式为主、强排模式为辅。

4. 雨水排水规划布局

市政府批复的《上海市城镇雨水排水规划(2020—2035 年)》,围绕国家对城镇排水、生态环境、海绵城市和智慧城市等方面的新要求,坚持"绿、灰、蓝、管"多措并举,形成"1+1+6+X 绿灰交融,14 片蓝色消纳"的总体布局。

"绿"是海绵设施的运用和深化,指在源头建设的雨水蓄滞削峰设施,如设置在绿地、广场、小区的中小型调蓄设施和雨水花园、植草沟、生物滞留设施等,具有生态、低碳等特征。"灰"指市政排水设施,包括雨水管网、雨水泵站以及大型调蓄设施等。"蓝"指增加河湖面积、打通断头河、底泥疏浚、控制河道水位、提高排涝泵站能力等。"管"指管网检测、修复、完善、长效养护等精细化、智慧化管理措施。"1+1+6+X 绿灰交融"分别指的是:苏州河深隧片区,服务 25 个排水系统,总面积约 57.8 km²;合流一期复线片区,服务 43 个排水系统,总面积约 78.4 km²;6 厂片区,即中心城 6 座功能调整污水厂服务片区,服务 24 个排水系统,总面积约61.6 km²;分散调蓄片区,服务 310 个强排系统(747.2 km²)及 1 855 km²自排区域,总面积约 2 602.2 km²。"14 片蓝色消纳"是指按照 14 个水利片总体布局,推进河湖水系及除涝泵闸建设,形成与城镇雨水受纳能力相匹配的防洪除涝体系。

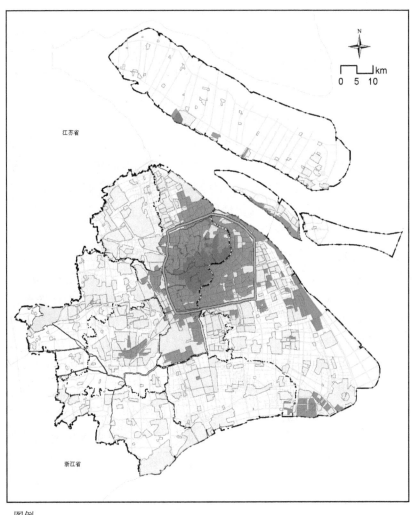

图例

分流制强排系统　　　合流制强排系统　　　分流制自排地区　━━━ 外环线

图 4.2-1　上海市规划排水体制和模式布局图

第5章
上海市水系演变与总体格局

5.1　上海市水系演变及水利工程技术发展

5.1.1　水系演变

太湖下游古有三江排水入海。《尚书·禹贡》中有"三江既入,震泽底定"的记载,震泽即今太湖。东晋庾仲初作《扬都赋》自注"今太湖东注为松江,下七十里有水口分流,东北入海为娄江,东南入海者为东江,与松江而三也"。娄江为今浏河的前身,松江即今吴淞江。东江故道向东南入海,其上游为白蚬湖群,中游为淀泖湖群,下游则分散为许多分支入杭州湾,淀泖湖群的"三泖"原是东江主流。

由于受到潮流顶冲侵蚀,金山岸段自东晋以后开始往后退缩。为防御海岸冲蚀,杭州湾北岸陆续修筑捍海塘堰,至唐末,东江的许多出海水道被捺断;南宋乾道八年,除青龙港(即张泾河)建闸通海外,其余全部筑坝捺断,至此东江下游的出口大多被堵塞。杭州湾出海口先后全部封堵后,泖水出黄桥向东直冲大黄浦,淀泖湖群的淀山湖及浙西平原的来水,全部改道由横潦泾东流,再在闸港折向北流,注入吴淞江,黄浦水道的雏形逐渐形成。

南宋以后,由于海岸线向东推进,吴淞江河口段不断淤浅,下游亦几乎淤成平陆;宋初,太湖东筑长堤,兴建长桥,东太湖宣泄不畅,下游河段淤浅加剧;明永乐元年(1403年)苏松水患,户部尚书夏原吉赴江南治水,采用叶宗人的意见"以浦代淞",开通范家浜,上接大黄浦,下接南跄浦口,引导淀山湖一带众水改由范家浜东流,在复兴岛附近同吴淞江汇合,再折向西北流至吴淞口出海。此后众水汇流,水势湍急,不浚自深,河口不断扩大为"横阔头二里余"的黄浦江。同期,采纳元代周文英的主张"掣淞入浏",开夏驾浦,掣吴淞江水入浏河(娄江)出海。

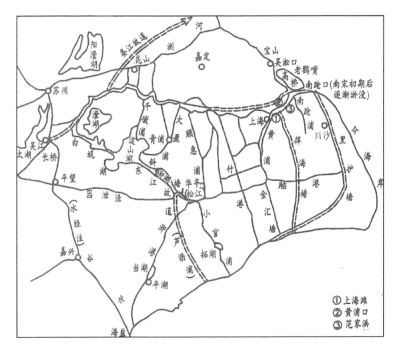

图 5.1-1　黄浦江历史变迁示意图

　　吴淞江由于上游来水减少,下游河道日益萎缩、堵塞。明天顺二年(1458年),开通吴淞江宋家浜河段(今靠近外白渡桥的苏州河段),形成今吴淞江下游新道,吴淞江成为黄浦江的支河。明成化八年(1472年)在筑杭州湾海塘时,青龙港口亦终于堵塞,至此东江下游出口完全封闭。范家浜浚治之后,"水势遂不复东注松江,而尽纵浦水以入浦,浦势自是数倍于松江矣",遂形成"黄浦夺淞"的局面。至明嘉靖元年(1522年)以黄浦江为主通道的水系格局全面形成。

　　为了解决上海的洪涝灾害问题,中华人民共和国成立以后,开展了有史以来规模最大的水利工程建设。骨干河道的开挖、连通和控制工程建设最具代表性,特别是1977年10月成立上海市农田基本建设指挥部后,全市掀起了农田基本建设高潮,开挖了大治河、金汇港、川杨河、浦东运河、浦南运河、蕴藻浜、练祁河、油墩港、淀浦河、华田泾、新通波塘、紫石泾、新张泾、崇明南横引河等一大批骨干河道,以及相应的控制工程。1991年太湖流域洪水后,开通了太浦河、红旗塘,2005年又开挖了崇明北横引河等骨干河道。另外,还打通了南汇夹塘水系,增加沿长江口杭州湾的出海通道。从此,上海以黄浦江为主干的大陆水系得到统一,布局日趋完善,引排日渐通畅,崇明三岛也分别形成了独立水系。至此,上海主干河道框架形成,为工农业生产和城市发展打下了扎实的水利基础。

由于江南水乡河湖密布,而水系演变改变了原有排水方向和格局,因此,一些支级河道、末梢河道也要随之调整,这种调整在松江、金山、青浦比较普遍。例如,1965 年市农业局水利处与松江县水利部门技术人员到新五公社进行改造㳇荡田科学试验,对地面高程低于 2.5 m,河道弯曲杂乱的 1.7 万亩㳇荡田地区,作了"推翻老水系,重建新水系"的规划。以骨干河道为中心,把㳇田区内 228 条狭、浅、乱的老河道填平与归并,改造为纵横 20 多条挺直、等距的新河道;把原来 186 块旧圩区联并成两片新圩区,并建闸设泵,把 3 000 多块高低不平、大小不一的田块,平整成 3 亩一块的格子化田块,能灌能排,旱涝保收,提高了防洪抗灾能力。

5.1.2 水利工程技术发展

水闸是控制和调节河道流量的建筑物,它在上海地区应用广泛,其主要功能是挡潮、排涝、引水和通航。唐末、吴越、五代及宋初时期,上海地区就有建闸记载,建闸材料主要是木、石,规模也比较小。元、明、清时期也陆续有建闸之举,其技术不断改进,逐步由石闸代替木闸,地基一般采用打基桩处理,下设闸底,边有闸墙,墙侧有门槽,采用叠梁式木门,人力启闭。民国时期所建水闸数量不多,规模也很小,但已采用钢材和混凝土。1913 年在宝山县修建的新石洞水闸和在崇明、川沙修建的一些涵洞均为钢筋混凝土结构。

中华人民共和国成立初期,郊县所建小型水闸多为江苏省水利勘测设计院及各县水利部门设计。1958 年嘉定、宝山、上海、青浦、松江、金山、川沙、南汇、奉贤、崇明等十县先后划归上海市后,郊县闸涵设计主要由水电部上海勘测设计院承担,市区及近郊水闸工程则由市政院设计。20 世纪 50 年代设计的水闸一般规模都较小,闸孔宽 3～5 m,通航 15 t 以下的农船。60 年代到 70 年代中期,沿黄浦江、蕴藻浜、浏河、崇明三岛和青松大控制片的外围修筑了许多水闸工程,这阶段设计的水闸不但数量多,而且规模也逐渐增大,闸孔宽度上升到 8～14 m,可通航 60～100 t 级的船只。1977 年,全市大搞农田基本建设,为实施分片综合治理方案,开始在骨干河道两端建设一系列水闸工程。这些中型水闸工程,有 3～5 孔、每孔宽为 10～14 m 的节制闸,也有由船闸和节制闸组成的枢纽工程。其中规模最大的是大治河西闸枢纽工程,由 6 孔每孔净宽 10 m 的节制闸,以及口门宽 12 m、闸室宽 20 m、闸室长 300 m,可通航 300 t 级船只的船闸组成。

上海地区水闸的类型,按其主要功能来分,主要有以下三种:一是节制闸,二是船闸,三是套闸。节制闸主要功能是挡潮、排涝、引水,其中,一些规模极小,状如涵洞的节制闸也被称为涵闸。船闸有上下两座闸首,除挡潮外,主要功能是通航过船,其导航、助航、过船设施比较齐全。套闸也有上、下两座闸首,既能挡潮、排水、引水、挡污,又可通航过船,但没有导航、助航、过船设施,只适合小型农船过闸。

套闸是特定时期兼顾江南水乡大量农船过闸要求的控制工程,随着城市化及大规模道路建设,农村的交通运输方式由水路改为陆路,农船已经消失,套闸功能逐渐演变、退化。一类套闸演变为以过船功能为主的水闸,由于频繁过船,排水功能大幅度下降,这类水闸应当将排水和通航功能分开,改建成节制闸和船闸结合的枢纽工程;另一类套闸退化为以排水功能为主的水闸,由于闸室束水作用,与同孔径的节制闸相比,排水效率降低,这类水闸应当改建成节制闸。

上海地区泵站的类型,按其主要功能来分,也有以下三种:一是排涝泵站,主要是排除低洼地区的涝水,使低洼地得以开发利用,排涝泵站的扬程较低,流量较大;二是雨水泵站,主要是排除管道收集的地面径流,使得地表沟渠排水方式转变为地下管道排水方式,雨水泵站一般设置在总管末端,泵站扬程较高,流量较小;三是灌溉泵站,主要是将河道中的水提升到渠道进行灌溉,以解决农业用水问题,灌溉泵站一般设置在渠首,泵站扬程很高,流量很小。

上海市 1921 年建造第一座雨水泵站,而排涝泵站和灌溉泵站出现的年代较晚。1959 年,集体经济比较富裕的嘉定县长征公社朝阳大队自筹资金,首先在金家浜兴建了近郊菜区第一座小型排涝泵站。1962 年,在上海、嘉定、宝山三县的近郊菜区低洼地,也相继兴建起排涝泵站。1963 年,市排灌公司成立以后,排涝泵站、灌溉泵站的建设被列入国家计划,一般采用民办公助的办法,国家在经济上给予补助。从此,排涝泵站和灌溉泵站建设在郊区得到了较快的发展,旱灾基本得到控制,低洼地的涝灾损失大大减轻。

5.2 上海市防洪除涝总体格局

5.2.1 水利分片格局

上海形成和发展的历史就是一部治水历史,历代治水人物围绕对水的围与挡、导与疏进行不断地探索。上海地区治水历史悠久,范仲淹集治理太湖水患之经验,提出:"修围、浚河、置闸,三者如鼎足,缺一不可。三者备矣,水旱岂可忧哉?"

中华人民共和国成立初期,开展了联圩并圩、并港建闸等水利工程建设。1958 年,国务院批准将江苏省的嘉定、宝山、上海、青浦、松江、金山、川沙、南汇、奉贤、崇明等 10 个县相继划入上海,水利建设经验和人才也同步汇聚上海。1959 年,江苏省水利部门编制的《江苏省太湖地区水利工程规划要点》,涉及今上海境内的 9 个区县的骨干河道和水闸规划。

1963 年,水利电力部上海勘测设计院编制的《上海市青松内涝地区农田水利规划要点报告》中提出:在青松内涝地区的外围,修筑一条周长 139 km 的控制线(亦称大包围),在控制线上筑堤,并建造节制闸、船闸共 40 座。报告针对低洼地区提出的"两级控制、两级排涝"治水设想,为以后分片综合治理奠定了基础。

1972 年 6 月,上海市革命委员会(简称"革委会")郊区组太湖流域规划调查组《关于青浦、松江、金山三县低洼地水利情况调查报告》中指出:这一地区的联圩并圩、机电排灌、疏浚河道等水利建设虽然取得很大成绩,但随着上游水利建设的发展,如要求按标准开通太浦河后,上游下泄洪水将更加集中,对这一地区的压力将越来越大,故重提"青松大控制工程"的规划设想。

1977 年,上海水利建设进入了统一规划、全面开展时期。是年 4 月,市革委会郊区组批转了上海市农田基本建设规划组《关于郊区农田基本建设规划工作的意见》(简称《意见》),《意见》立足全局,以治水改土为中心,将水利建设同城市建设、内河航运和备战相结合,依据上海地区各不同区域的水情和地情,提出了"松江、金山、青浦"片,"川沙、南汇、奉贤"片,"上海、嘉定、宝山"片 3个大片,以及"分片控制,洪、潮、涝、渍、旱、盐、污综合治理"的建议。同年 6月,市农田基本建设规划组编制了《上海市郊区 1977 年至 1980 年农田基本建设规划》,是年秋冬即开始组织实施。之后,在实施中不断补充修订水利规划。

1980 年上海市水利局成立,同年编制了《上海郊区水利建设规划(1981—1990 年)》,将原总体规划的 3 个大片调整为 4 个地区、14 个片进行综合治理,并配合太湖流域治理,上下游兼顾、团结治水,留出浦南西片和商榻片的骨干河道作为苏浙客水的下泄通道。至此,本市 14 个水利分片的综合治理格局在规划中得到确立。其中,分片综合治理的 4 个地区、14 个片为:(1)"上嘉宝"地区的嘉宝北片、蕴藻浜南片(即蕴南片)、淀浦河北片(即淀北片)、淀浦河南片(即淀南片)。(2)"松金青"地区的青松大控制片(即青松片)、太浦河南片(即太南片)、太浦河北片(即太北片)、浦南东片、浦南西片、商榻片。(3)"川南奉"地区的浦东片(包括上海县的浦东 4 个乡)。(4) 江岛地区的崇明岛片、横沙岛片、长兴岛片。

图 5.2-1 上海市 14 个水利分片布局图

本市按分片综合治理规划,开展了有史以来规模最大、涉及面最广的水利工程建设。1977 年至 1990 年,共开挖疏拓了 35 条骨干河道,沿江沿河兴建了63 座节制闸、56 座船闸和套闸、9 座节制闸和船闸配套的水利枢纽工程,并建造了 2 座大流量翻水泵站,除浦南西片、商榻片因配合太湖流域综合治理留出排泄苏浙客水通道,以及淀南片因地形较高未建立控制区外,各水利片已基本形成控制区。至 2004 年,淀南片应防洪防潮需要,外围也建立了大控制,全市14 个水利片的基本格局全面形成。淀山湖—拦路港—泖河—斜塘—黄浦江、太浦河、大蒸塘—圆泄泾、胥浦塘—掘石港—大泖港、吴淞江—苏州河、桃浦河—蕴藻浜闸下段，这 6 条水道成为大陆 9 个大控制片之间的边界河道、片外河道和重要洪涝水承泄通道。为了减少风暴潮对中心城区的不利影响，一些水利片边界河道也开始建闸控制，1991 年苏州河入黄浦江口的吴淞路闸桥建成；2007 年桃浦河入蕴藻浜闸下段也建泵闸控制。2023 年吴淞江工程之一的苏州河西闸开始建设。

　　本书为叙述次序统一、记忆方便，大陆部分水利片以黄浦江—斜塘—泖河—拦路港—淀山湖这条低水位"J"字形主线为界，分东西两部分，然后由北到南顺着"J"字形线按次序排列水利片，最后是崇明三岛：(1)"J"字形线以西 5 个水利片依次为嘉宝北片、蕴南片、淀北片、淀南片、青松片。(2)"J"字形线以东 6 个水利片依次为浦东片、浦南东片、浦南西片、太南片、太北片、商榻片。(3)崇明三岛的 3 个水利片依次为崇明岛片、长兴岛片、横沙岛片。

　　政府层面的统计都是以行政区面积为底数，有些区内部没有河道，由于行政区边界中包含了黄浦江、淀山湖等水面，水面率的数据与我们直观认识可能有些差异，但能清晰反映各区域在各时期的各种指标变化，因此，本书从河湖报告或规划报告中摘录的数据，仍然按河湖报告或规划报告的统计口径计算，没有变动。

　　为了正确反映和计算各区域的除涝现状和能力，我们根据区域汇水范围的边界重新统计了各水利片的面积，模型计算中水利片面积、水面率等指标也作了如实统计和处理，对青草沙水库等不参与区域除涝的水体，未计入河湖调蓄水面。

表 5.2-1　上海市 14 个水利片基本情况表

序号	水利片名称	范围	涉及行政区	总面积(km²)
1	嘉宝北片	浏河和长江口南支以南，蕴藻浜闸下段及吴淞江(苏州河)以北，江苏昆山、太仓以东，桃浦河以西	嘉定、宝山、普陀	733.7
2	蕴南片	蕴藻浜闸下段以南，苏州河以北，桃浦河以东，黄浦江以西	宝山、普陀、静安、虹口、杨浦	180.8
3	淀北片	淀浦河以北，苏州河以南，青松片以东，黄浦江以西(不含老市区部分)	闵行、长宁、徐汇	157.4
4	淀南片	淀浦河以南，黄浦江上游段以北，青松片以东，黄浦江中游段以西	闵行、徐汇	176.0

序号	水利片名称	范围	涉及行政区	总面积(km²)
5	青松片	吴淞江以南,拦路港—泖河—斜塘—黄浦江以北,淀山湖以东,闵行区以西	青浦、松江	829.3
6	浦东片	黄浦江以东,长江口南港以西、以南,杭州湾以北	浦东新区、闵行、奉贤	2 203.8
7	浦南东片	黄浦江(上游段)以南,杭州湾以北,大泖港—掘石港—惠高泾—山塘河—浙江平湖界河以东,奉贤区以西	金山、松江	508.2
8	浦南西片	敞开片。大蒸塘—圆泄泾以南,浙江平湖以北,浙江嘉善界张文荡—潮里泾以东,大泖港—掘石港—惠高泾以西	金山、松江、青浦	275.5
9	太南片	太浦河以南,大蒸塘—圆泄泾以北,浙江嘉善界白鱼荡—蟹长头港以东,斜塘以西	青浦、松江	83.9
10	太北片	太浦河以北,淀山湖以南,元荡—朱沼漾—雪落漾以东,拦路港以西	青浦	85.1
11	商榻片	敞开片。江苏昆山汪洋荡以南,江苏吴江元荡以北,淀山湖以西,江苏昆山周庄以东	青浦	28.2
12	崇明岛片	崇明岛(含北湖)	崇明	1 260.8
13	长兴岛片	长兴岛(不含青草沙水库)	崇明	91.6
14	横沙岛片	横沙岛(不含横沙东滩新圈围部分)	崇明	51.8
合计				6 666

5.2.2 圩区布局

圩区是指低洼易涝地区,通过圈圩筑堤,设置水闸、泵站,以"外御洪水""内除涝水"而形成的封闭防洪排涝保护区域。圩区的形式、功能与水利片相似,但规模要小得多。在水利片形成之前,小范围防洪除涝是以圩区的形式开展。

早先,青浦、松江、金山地区低洼地是由古太湖葑淤而成的沼泽平原,常受洪涝灾害侵袭,且地下水位高,渍害严重,不能种夏熟作物,单熟水稻产量也很低。"塘浦圩田"是上海先民治理低洼地的一种有效手段，早在唐代就筑堤围圩、设置堰闸和斗门，并有"水行于外，田成于内"的史载；吴越时期，设置都水营田使，建撩浅军，"凡七八千人，常为田事，治圩筑堤"；南宋以后随着小农经济的发展，大圩制逐步解体，逐渐形成民间自围的泾浜小圩，圩头分散，堤岸单薄，至中华人民共和国成立前夕，大多年久失修，历来为"九年三熟"的涝泽之地。

中华人民共和国成立之初，上海遭遇 1949 年台风暴雨、1954 年特大梅雨，大面积农田受淹，特别是西部低洼地区洪涝灾害十分严重，教训惨痛，于是开展了大规模持续不断的低洼地治理改造工程。

1949 年后，当地政府下设修圩委员会，开展了以筑堤、疏河为主的农田水利建设运动，大力加高培厚以自然河道为界的圩堤。

20 世纪 50 年代中期，逐步联圩建闸，扩大控制面积，"上嘉宝"地区的近郊菜区也开始兴建一批小型圩区水闸，外河水位高涨时，关闸控制，需要排水时，趁落潮启闸放水，使圩内常水位得以保持稳定。

20 世纪 60 年代，随着电灌工程建设的发展，设置灌排结合机口，以排除圩区内的积涝，并由"控制内河水位"，逐步向"挡、排、降综合治理"发展，至此，大部分低洼地区已能种植夏熟作物，实行水旱轮作。

20 世纪 70 年代末，根据《关于郊区农田基本建设规划工作的意见》中提出的"洪涝分开、两级控制"要求，一部分圩区重新调整布局，新建了一批节制闸、套闸，以及泵闸结合的圩区水闸。各水利片开始水利大包围控制建设，一部分沿江圩区水闸泵站直接面向外河大水体排水，减轻水利片内部压力。

20 世纪 80 年代，按照 20 年一遇的排涝标准，对排涝泵站进行了调整、整顿，淘汰了一部分早期建设、已经老化的泵站，继续兴建了一批灌排两用泵站、纯排涝泵站，以及泵闸结合工程，使市郊排涝能力大为提高。80 年代末期，提出金山半低田治理规划，建设掘石港、惠高泾截流控制线，开展圩区改造，原零星圩区均由新建圩区包围。

20 世纪 90 年代，由于大控制片外围的排涝泵站建设相对较慢，内部圩区涝水外排影响到圩外地区安全，青松片等水利片内部圩区建设的范围进一步扩大。由于圩区过多依赖泵站动力排水，也导致圩区与水利片排水的矛盾日益突出。

目前，上海圩区主要分布于西部低洼地区，包括青松片、浦南东片北部、浦南西片、太南片、太北片、商榻片，以及嘉宝北片嘉定西部、淀南片闵行西部及浦东片奉贤西部等区域，其他区域只有零星圩区分布。

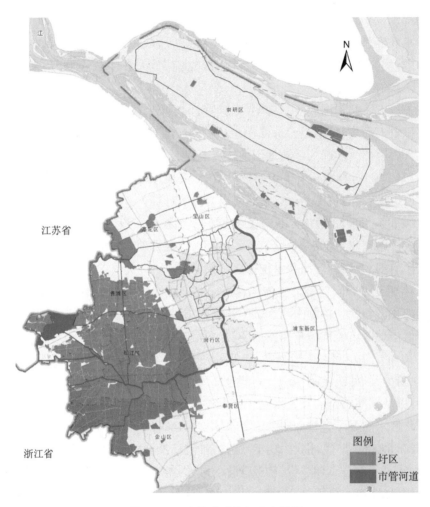

图 5.2-2　上海市现状圩区布局图

根据 2021 年《上海市水闸设施年报》统计,全市共有圩区 304 个,控制排涝面积 206.46 万亩。

除淀北片、蕴南片以外,12 个水利片均有圩区,其中,青松片最多,为91.62 万亩,其次为浦南西片 42.74 万亩,第三是浦南东片 24.68 万亩,前三者的圩区面积占总圩区面积的 77.1%。

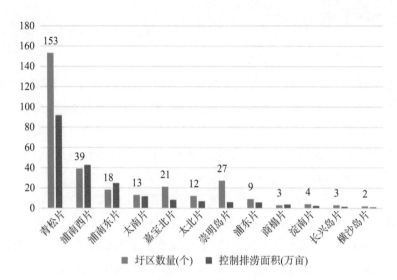

图 5.2-3 各水利片圩区数量与控制排涝面积(即圩区面积)分布图

按行政区统计,松江区(圩区面积)最多,为 82.15 万亩,其次为青浦区 57.92 万亩,第三为金山区 41.27 万亩,前三者的圩区面积占总圩区面积的 87.8%。

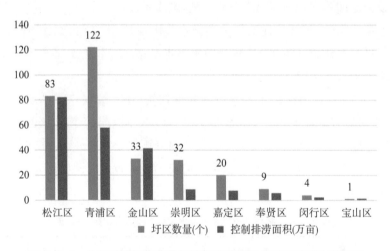

图 5.2-4 各行政区圩区数量与控制排涝面积(即圩区面积)分布图

圩区面积大小不一,平均面积 4.53 km²。圩区中面积小于 2 km² 的有 85 个,其中 1 km² 以下圩区有 37 个,总面积 21.47 km²;1~2 km² 以下圩区 有 48 个,总面积 70.02 km²。面积最小的青浦白鹤镇周泾圩与朱浦圩,都只有 0.19 km²,比一般城市雨水排水系统面积还小得多。面积最大的嘉定上海国际汽车城联圩,达 28.1 km²。

5.2.3 雨水排水系统布局

上海是一个从小渔村发展而来的超大城市,在农村状态时,降雨除少部分直接蒸发、植物截留、渗入地下、填充洼地外,大部分顺地面坡度,向低处分散就近汇入小沟、小河。城市化初期,开始填沟(或填河)埋管自排,雨水在自身的重力作用下,自排流入河道。泵站出现后,开始建设强排系统,雨水由管道收集、逐级汇集到泵站前池,再利用水泵提升排入河道。

上海老市区早年建设的排水系统一般采用合流制,即城市下水道只有一种管道,将雨水、生活污水等统统集纳一条管道排除。由于合流制的环境污染问题较难解决,后来都要求采用分流制,将城市下水道分雨水和污水两种不同性质的管道,雨水管道集纳雨水直接排入河道,污水则进入污水处理厂处理后排入河道。

1840 年以前的上海县城,方圆 3 km²,地面高程多在 4.0~4.5 m,城厢内外,河浜较多,雨水自流入河,趁潮排入黄浦江。1843 年上海开埠以后,工商业迅速发展,人口激增,城区相继填浜筑路,虽建简陋泄水沟渠,但因租界分割,排水设施标准不同,型式各异,布局紊乱,难成系统。

上海从 1921 年开始建造第一座雨水排水泵站,至 20 世纪 40 年代末,市区面积只扩大到 86 km²,全市仅有雨水排水泵站 11 座,雨水管道 531 km,总排水能力 16 m³/s。

1949 年以后,市区雨水排水设施建设较快,在陆续兴建新排水系统的同时,逐步对原有设施更新改造和调整扩建。1978 年以前,上海市区的排水设计重现期标准一般均采用 0.5 年一遇,其小时降雨量是 27 mm。1979 年经市基本建设委员会批准,新建雨水排水系统均按 1 年一遇重现期设计,其小时降雨量是 36 mm。

表 5.2-2 我国历版《室外排水设计规范》雨水排水标准

颁布时间	城市排水系统重现期
1975 年	0.33~2 年
1987 年	0.5~3 年
1997 年	0.5~3 年,重要地区 2~5 年
2006 年	0.5~3 年,重要地区 3~5 年

续表

颁布时间	城市排水系统重现期
2011 年	1～3 年,重要地区 3～5 年
2016 年	超大城市中心城区 3～5 年,重要地区 5～10 年

　　至 2020 年,上海市已建市政雨水管道 12 448.9 km,其中合流管道 1 224.4 km;市政泵站流量 4 659.5 m³/s,其中合流泵站流量 1 047 m³/s;调蓄池 20 座,总调蓄能力 45.97 万 m³。本市 85.6% 雨水排水系统达到 1 年一遇标准,14.4% 达到 3～5 年一遇标准。

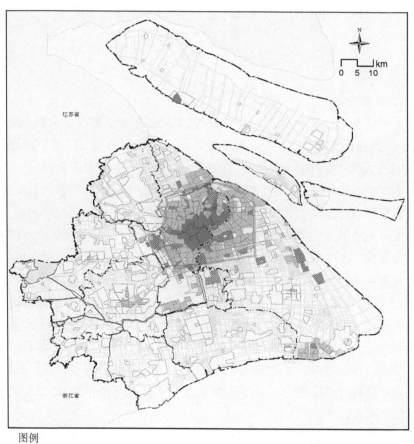

图例

▨ 分流制强排系统　　□ 分流制自排地区　　▨ 合流制强排系统
▨ 防汛能力已达标系统　　—— 外环线

图 5.2-5　上海市现状排水体制和模式图

第6章
上海市防洪除涝设施现状

6.1 上海市防洪防潮工程

6.1.1 千里海塘

1. 海塘分布

上海位于西北太平洋沿岸,三面临海,是我国东部沿海易受风暴潮灾害区域之一,遭遇6级风力以上的热带气旋影响平均每年约有3.2次。海塘是抵御外围风暴潮灾害的第一道防线,是保障上海城市安全最为重要的安全屏障。半个多世纪以来,上海沿江沿海陆续修建了千余里[①]海塘,为全市防汛安全、经济社会平稳运行发挥了重要作用。

上海大陆部分的海塘是"江南海塘"的组成部分,长江堤防及杭州湾堤防统称为海塘。上海构筑海塘的历史悠久,三国时杭州湾北岸已有金山咸潮塘,唐开元初年,冈身以东也筑有捍海塘,北宋年间建成华亭沿海百余里的老护塘,南宋乾道8年,修筑了长75 km的里护塘,清初在金山嘴、柘林、宝山等地修筑条石塘。由于海塘岸段所处地理位置不同,岸线涨坍不定,海塘亦有筑有坍,屡有变迁,同时限于财力、物力、技术等多种原因,早期修建的海塘防御能力都较低。1949年以后,筑塘技术有了很大发展,在继承历史经验的基础上,新技术新材料得到应用,加上对河势滩势变化的认识不断提高,海塘得到了有计划的加固和改造。

1949年前,上海农村地区的海塘防御标准是20年一遇潮位加8至9级风,城市化地区是50年一遇潮位加10至11级风。自1950年开始,海塘进行大修和逐年加固;从20世纪60年代开始,沿江沿海各县大力修筑海塘;1975

---

① 注:1里＝500 m。

年,按"顶高 8 m,宽 5 m"的标准统一加高加固堤防;1996 年,海塘规划考虑城乡发展水平差别,将城市化地区的海塘防御标准设为 200 年一遇潮位加 12 级风(取下限值,32.7 m/s),将非城市化地区标准设为 100 年一遇高潮位加 11 级风(取下限值,28.5 m/s)。2011 年,《上海市海塘规划(2011—2020 年)》考虑城乡一体化提高主海塘防御标准,不分城市化段和非城市化段:大陆及长兴岛主海塘防御标准统一为 200 年一遇高潮位＋12 级风,崇明岛及横沙岛主海塘防御标准统一为 100 年一遇高潮位＋11 级风。2020 年,《上海市防洪除涝规划(2020—2035 年)》将全市主海塘防御标准统一为 200 年一遇高潮位＋12 级风。

上海的海塘主要包括长江口和杭州湾主海塘及相关建(构)筑物,及其护滩、保岸、促淤工程,涉及崇明区、宝山区、浦东新区、奉贤区、金山区 5 个行政区。

本市在不同时期实施滩涂圈围工程,不断往外扩展过程中,形成了多道海塘,按照地理位置和功能要求不同,将海塘工程分为主海塘、一线海塘和备塘三大类。主海塘是达到国家防御标准,对大陆和三岛陆域起主要防御保护功能的堤防工程,与江苏、浙江的海塘,以及黄浦江千里江堤相衔接,形成闭合的防线;一线海塘是直接面临长江口、杭州湾的前沿堤防工程,一线海塘一般是主海塘,也可能是主海塘外新圈围工程的堤防,还可能是主海塘外按边滩水库标准和要求建设的堤防;备塘指有主海塘保护的内陆原海塘,又分为主要备塘和次要备塘。主要备塘是指分布在内陆区域,能与主海塘共同形成封闭区域,且仍长期保持原有堤防形态,将继续发挥防汛功能的海塘;次要备塘是指分布在内陆区域,除主海塘和主要备塘以外,仍有海塘管理部门按照职能进行管理的海塘。

2. 海塘长度

本市现状主海塘总长约 498.8 km,俗称千里海塘,其中大陆 210.7 km,占 42.2%,三岛 288.1 km,占 57.8%。按照上一轮《上海市海塘规划(2011—2020 年)》确定的主海塘设防标准——大陆及长兴主海塘按 200 年一遇高潮位＋12 级风、崇明岛和横沙岛按 100 年一遇高潮位＋11 级风标准设防,目前已有 435.8 km 达标,占 87.4%。2020 年开始,需要根据《上海市防洪除涝规划(2020—2035 年)》确定的新的防洪防潮标准,开展新一轮海塘达标建设。

表 6.1-1　上海市现状主海塘情况统计表

行政区		总长度(km)	不同防御能力长度(km)			备注
			达到200年一遇	100~200年一遇	低于100年一遇	
宝山区		29.7	29.1	0.6	—	宝钢水库、陈行水库和罗泾港区等组合达标
浦东新区		116.3	82.8	33.5	—	南汇东滩促淤区等组合达标
奉贤区		40.7	35.7	5.0	—	
金山区		24	16.5	7.5	—	
崇明区	崇明岛	194.3	39.3	150.8	4.2	东风西沙水库、崇明东滩等组合达标
	长兴岛	62.3	50.1	11.5	0.7	青草沙水库等组合达标
	横沙岛	31.5	9.3	22.2	—	横沙东滩三期北堤至南堤组合达标
合计		498.8	262.8	231.1	4.9	

3. 海塘结构

中华人民共和国成立前,海塘堤顶高程基本在 6.0 m 左右,顶宽 4.0 m 左右。1975 年,规定土堤堤防防御标准为吴淞站最高潮位 5.72 m 加 11 级台风相组合,要求堤顶高程为 8.0 m,顶宽 5 m,内坡 1:2,外坡 1:3,沿海六个县开始按照这一标准加高加固堤身。目前,宝山、浦东、奉贤、金山海塘和长兴岛海塘堤顶宽 8 m 左右,高程一般为 7.5~9 m;崇明和横沙岛海塘堤顶宽 5~8 m 左右,高程一般为 7.3~8 m。全市海塘堤顶宽均能满足防汛抢险车辆堤上行驶要求,海塘堤顶高程均高于历史最高水位,有防浪墙的岸段,其墙顶高程还要高些。

上海市海塘主要为土石结构。一般由堤身和外坡护面组成,断面形式以复合斜坡式为主,堤身多为泥土或充砂管袋,临海侧的外坡设置戗台(消浪平台),堤顶多数设防浪墙。外坡面由浆砌石、栅栏板、翼型块体等结构保护。内坡一般为土坡,种植绿化作防冲护面。堤内大部分有 10~20 m 宽的青坎作为护堤地,部分海塘外坡脚外侧设保滩结构。崇明北沿和长兴岛还有少量单坡结构,外坡为浆砌石块斜坡,不设戗台。

传统海塘在高滩上人工挑土堆筑,外包砌石护面,结构强度低,消浪能力差,一般内侧开挖随塘河,提供筑堤的土方。随着工程技术的发展,逐渐有能力在低滩上大规模筑堤,新建海堤的堤身较高,用水力充填泥沙筑就,因而沉降大,透水性强,易液化,且硬质护面下易有隐患而难以发现。这类海堤结构通常断面较小,不能经受长时间高水位浸泡,防渗与防风浪作用全部依靠外包护面,一旦护面破坏,海堤极有可能溃决。因此,堤身外侧的保滩工程及堤身内侧的内青坎整治工程也是海塘工程的重要组成部分。

保滩工程主要是根据河势和潮流、波浪作用,布置护坎、丁坝、勾坝、顺坝,或者丁、顺坝结合。目前,海塘前沿有丁坝 346 道,总长 39.0 km,顺坝 151 条,总长 192.8 km,保护着海塘前沿的安全。

上海的海塘设计一般不允许越浪,内青坎整治主要是增强海塘整体稳定性,消除海塘安全隐患,提升海塘综合防御功能,同时,可以结合沿江沿海防护林和随塘河水系建设,构筑沿江沿海绿色生态屏障,改善滨江临海生态环境。

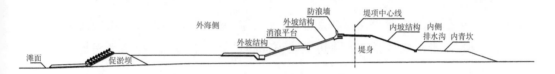

图 6.1-1　上海市海塘典型结构断面图

海塘前沿滩地随长江口、杭州湾水沙条件变化而动态变化。在长江口南岸,五号沟以上岸段海塘前沿滩地基本稳定,略有水流冲蚀情况,五号沟以下则处于淤涨状态;在三岛地区,海塘前沿滩地因位置不同而呈现不同的冲淤变化,总体上是岛的南面滩地冲刷,北面滩地淤涨;在杭州湾北岸,海塘前沿滩地主要处于微冲状态并有风浪剥蚀情况。

主海塘按堤顶线和两侧用地控制线落实具体保护范围。有随塘河的堤防保护范围为堤身、堤外坡脚外侧 20 m 滩地和堤内坡脚至随塘河边缘的护堤地;无随塘河的堤防保护范围为堤身、堤外坡脚外侧 20 m 滩地和堤内坡脚外侧 20 m 护堤地;护滩、保岸、促淤工程的范围按照批准的设计文件确定。

6.1.2　千里江堤

1. 堤防分布

黄浦江是长江下游最后一条没有建闸控制的大型河流,长江口的潮汐通过黄浦江及主要支流达到沪苏边界和沪浙边界以上,黄浦江及上游支流堤防也是城市安全的重要防线。过去堤防的结构一般由土堤和护岸两部分组成,一般堤顶高程高于地面高程,习惯上称为"堤防"。但随着块石结构、混凝土结构的广泛应用,堤防的形态由"大堤"变身为"挡墙",一般墙顶高程高于地面高程,且没有明显的堤顶,这种形式的堤防俗称为"防汛墙"。

上海开埠时,市区地面高程一般在 4～5 m,大多数地区的地势都在黄浦江高潮位以上,一直到中华人民共和国成立初期,市区黄浦江沿岸并没有修建堤防。1921 年,上海市区地面出现下沉,以后下沉量逐年增加,到 1965 年采取减少抽取地下水和回灌等措施后,地面下沉得到基本控制,但是,上海市区地面高程已降为 3～4 m,不少中心城区地面高程还低于 3 m。20 世纪 50 年代以后,黄浦江潮位出现不断上涨的趋势,加上上海地面沉降,因此,汛期高潮位时有潮水漫溢,市区积水频次增多,洪涝危害加重。

1956 年 5612 号台风侵袭之后,黄浦江、苏州河市中心区沿岸开始修筑砖石结构的直立式岸墙防洪挡潮。1959 年外滩第一次修建砖砌防汛墙,墙顶标高为 4.8 m。

1962 年 6207 号台风侵袭之后,上海市于 1963 年第一次颁布市区防洪标准("63"标准),规定黄浦公园防汛墙顶标高最低要求为 4.94 m,新建加高为 5.2 m。

1974 年 7413 号台风侵袭之后,市防汛指挥部颁布新的防洪标准("74"标准),规定黄浦公园防御潮位为 5.3 m,墙顶标高为 5.8 m,后称"百年一遇标准"。

1981 年 8114 号台风侵袭之后,1984 年上海市政府和水利电力部先后批准上海市区近期按千年一遇的防洪标准设防("84"标准),相应的黄浦公园站防御水位为 5.86 m,防汛墙顶标高为 6.9 m。防汛墙考虑按地震烈度 7 度设防,结构为 I 级水工建筑物。工程分两阶段建设:第一阶段从 1988 年 10 月至 2001 年汛前,主要为黄浦江干、支流 208 km 防汛墙加高加固,以及黄浦江两岸 47 座支流水闸加高加固;第二个阶段从 2002 年 3 月至 2004 年汛前,主要是黄浦江干、支流 110 km 防汛墙加高加固,新建淀南片和奉贤沿江 24 座支流水闸,以及黄浦江两岸 35 座支流水闸加高加固。

2. 堤防长度

黄浦江及其上游主要支流两岸堤防总长约 479.7 km,称之为千里江堤,其中,吴淞口—西荷泾(右岸至千步泾)为市区干流段,堤防长度为 282.5 km(含支流闸外段);西荷泾(千步泾)—三角渡为上游干流段,堤防长度约 58.6 km;上游主要支流包括拦路港—泖河—斜塘、太浦河、大蒸塘—圆泄泾、胥浦塘—掘石港—大泖港等,四大支流堤防长度约 138.6 km。

(1) 黄浦江市区干流段

黄浦江市区干流段自吴淞口至西荷泾(千步泾),主要涉及宝山、杨浦、黄浦、虹口、徐汇、闵行、浦东、奉贤等行政区,河道长度约 67 km,河底高程一般为 $-5\sim-15$ m,最深处达 -20 m 左右。金汇港以上段为东西走向,河道顺直,河宽 $300\sim500$ m;金汇港以下段为南北走向,河道弯曲较多,河宽一般在 $400\sim600$ m,下游河口附近最大宽约 800 m。两岸支流共 59 条,其中左岸29 条,右岸 30 条,两岸支流已全部建闸控制,市区干流段基本达到千年一遇设防标准("84"标准)。

(2)黄浦江上游干流段

黄浦江上游干流段自西荷泾(千步泾)至三角渡,主要涉及松江区,河道全长约 22 km,河面宽 $300\sim400$ m,河底高程 -5 m。两岸共有支流 35 条,其中左岸 21 条,右岸 14 条,两岸支流除流域行洪通道外,已全部建闸控制,上游干流段基本达到 50 年一遇设防标准。

(3)黄浦江上游四大主要支流

拦路港—泖河—斜塘段河道自三角渡至淀山湖,是阳澄淀泖区和杭嘉湖区来水注入黄浦江的主要通道,涉及青浦和松江两区,河道全长约 23.6 km,其中拦路港长 8.9 km,泖河长 8.5 km,斜塘长 6.2 km。河宽一般在 $120\sim170$ m,底高程 $-3\sim-4$ m,中间的泖河要宽些、深些,底高程可达 $-5\sim-8$ m,两岸共有支流 50 条,其中左岸 24 条,右岸 26 条,两岸支流已全部建闸控制,基本达到 50 年一遇设防标准。

太浦河为太湖、杭嘉湖区、淀泖区来水注入黄浦江的主要通道,1958—1991 年在天然湖荡的基础上人工开挖连接而成,主要涉及青浦区,上海境内河道长约 15.2 km,河宽约 200 m,底高程 $-5\sim-5.5$ m。两岸共有支流 21 条,其中左岸 14 条,右岸 7 条,均已建闸控制,基本达到 50 年一遇设防标准。

大蒸塘—圆泄泾自三角渡向上与浙江省红旗塘相接,是嘉兴、嘉善地区和青松地区排水入黄浦江的主要通道,涉及青浦和松江两区,河道总长约16 km,河宽约 $110\sim150$ m,底高程 $-3\sim-4$ m。两岸共有支流 43 条,其中左岸 18 条,右岸 25 条,其中左岸属太南片河道,支流除俞汇塘没有建闸控制,其他均已建闸控制;右岸属浦南西片,除圩区河道已建闸控制外,其他支流均未建闸控制,两岸堤防基本达到 50 年一遇设防标准。

胥浦塘—掘石港—大泖港自黄浦江向上与浙江平湖的上海塘相接,是嘉善、平湖地区和松金地区排水入黄浦江的主要通道,涉及金山和松江两区,大泖港段河道长度约 5.6 km,掘石港段河道长度 4.7 km,胥浦塘段河道长度7.67 km,基本达到 50 年一遇设防标准。

3. 堤防结构

市区段防汛墙按千年一遇潮位(1984年批准的水位)设计,吴淞口—西荷泾(右岸至千步泾)的墙顶标高7.3～5.24 m,工程等别为Ⅰ等。防汛墙结构型式多样,主要有斜坡式结构(包括有桩和无桩)、重力式结构、桩基承台式结构(包括前板桩后方桩承台式和前后方桩承台式)、复式结构(即前沿为桩基平台,后侧为挡墙或斜坡式堤)、空厢式结构(用在外滩),以及结合生态化或景观建设等要求的其他结构型式。1988—2001年第一阶段实施的黄浦江干流防洪工程208 km堤防中,以斜坡式结构居多,占41%。2002—2004年第二阶段实施的黄浦江干流新增防洪工程110 km堤防中,以桩基承台式结构为主,占76%。

黄浦江上游段整治工程是治太骨干工程之一。根据1987年国家计委批准的《太湖流域综合治理总体规划方案》,按照50年一遇的防洪标准设防,先后完成了黄浦江上游干流段、太浦河、拦路港、红旗塘防洪工程建设。工程等别为Ⅱ等,干河堤防、护岸按3级水工建筑物设计,支河堤防、水闸按4级水工建筑物设计。黄浦江上游干流堤防段结构以重力式挡墙结构为主,堤防高程为5.24 m;拦路港段堤防结构主要为重力式毛石混凝土挡墙结构和贴壁加固式重力式毛石混凝土挡墙结构;太浦河(上海段)堤防主要为斜坡式土堤结构;红旗塘(上海段)堤防主要为斜坡式土堤结构;大泖港段堤防为直立式钢筋混凝土挡墙结构。由于治太工程主要针对干河堤防的达标而建设,上游段还有部分支河堤防还未按流域50年一遇标准加高加固,因此,1996—2000年,上海开展了西部地区防洪除涝配套工程建设,新建防洪堤防护坡317 km,堤防高程为4.2 m,加固防洪堤防护坡97 km,新建水闸153座、加固改建水闸80座。

2013年"菲特"台风暴雨造成上海西部地区严重涝灾,出现了洪水漫溢的情况,上海市随即开展新一轮西部地区流域泄洪通道防洪堤防达标工程。浦南西片和商榻片内的50条(段)流域泄洪通道的422.5 km堤防,统一按防御区域50年一遇高潮位,并同时达到防御太湖流域不同降雨典型100年一遇的洪水标准实施,高程加高到4.7～5.24 m。

6.1.3 苏州河等河道防汛墙

本市还有一些河道的最高控制水位高于地面高程,两岸需要建防汛墙。这些河道的高水位由两侧地块暴雨时涝水排入而造成,这里的最高水位不受洪潮水位直接影响,而是由除涝最高控制水位确定。水位高于地面高程对两岸的保护区域而言就是洪水,防汛墙功能就是阻挡洪水入侵城市街区。由于河道少、水面率低,超过 3 小时的暴雨可能就会引起内河水位暴涨,且高于地面高程,我们暂时谓之"强排致洪"。

1. 苏州河防汛墙

苏州河又称吴淞江,河道全长约 125 km,发源于东太湖瓜泾口,自青浦区赵屯入境,至外白渡桥入黄浦江,本市境内长约 54 km,河道面宽一般为 50～70 m,上游最宽处约 120 m,下游最窄处约 40 m。

苏州河为嘉宝北片、青松片、淀北片、蕰南片的片外河道,东端已有苏州河河口水闸控制,目前正在建设苏州河西闸。由于苏州河位于中心城区,区域内河道少、水面率低,除涝最高控制水位高于地面高程,河道两岸也必须建防汛墙。

1956 年,在苏州河沿岸的宜昌路、昌化路、莫干山路以及浙江路、河南路一带的护岸上,修筑了砖石结构的壁立式防汛岸墙。1963 年,从北新泾到黄浦江的原市区范围,又按城建局颁布的统一标准进行加高加固。1974 年按市防汛指挥部颁布的防洪标准进行加高加固,其中河口段防御水位 5.3 m,墙顶高 5.8 m,北新泾段防御水位 4.3 m,墙顶高 4.8 m。

苏州河入黄浦江口建闸后,于 2006 年将苏州河河口段设计防御水位调整为 4.79 m,防汛墙顶高程统一调整为 5.2 m,按 Ⅱ 级水工建筑物设计,堤防型式主要为高桩承台式。苏州河综合整治一期至四期工程在治理污染的同时,也加高加固了堤防,除赵屯以东 67.1 km 将在苏申内港线暨吴淞江整治工程中实施外,其他均已完成堤防达标。

2. 蕰南片内河防汛墙

蕰南片虽然外围堤防工程解决了水利片整体防洪问题,挡住了外围高潮位的威胁,但蕰南片的四条干河排水区及杨树浦港—虹江排水区,河道少、规模小、水面率极低,除涝最高水位被迫超过地面高程,达 4.44 m,因此,水利片内部的西弥浦—龙珠港—大场浦、东茭泾—彭越浦、西泗塘—俞泾浦、南泗塘—沙泾港、走马塘、虹江、东走马塘、杨树浦港、小吉浦—经一河—纬六河—钱家浜等多条河道两岸都建了防汛墙。堤防一般为重力式挡墙结构,1996 年苏州河 6 支流整治工程中新建堤防为承台式钢筋混凝土挡墙结构,墙顶高程为 5 m。

3. 桃浦河防汛墙

桃浦河—木渎港,是嘉宝北片、蕰南片的片外河道,自苏州河至蕰藻浜全长 15.61 km,河道面宽一般为 20 m,北端最宽处约 40 m,真如寺附近最窄处约 11 m,铁路桥孔仅 8 m。河道两端均有水闸控制,由于两岸众多雨水泵站强排入河,除涝最高水位被迫超过地面高程,河道两岸也建了防汛墙,一般为重力式挡墙结构。

桃浦河没有明确的除涝最高控制水位,两岸防汛墙高程为 5 m,最高水位一般参照蕴南片的 4.44 m 调度。

6.2 上海市区域除涝工程

6.2.1 河湖水系

1. 水系分布

水系是解决城乡就近取水、就近排水需要的重要基础设施。上海的水系分布有三个特点。(1)湖沼平原河网密度大于滨海平原。松江、青浦、金山所在的湖沼平原是太湖流域最低洼的区域,淀、泖、荡、漾为名称的河湖主要集中在这个地区,河道曲曲弯弯、宽宽窄窄,很不规则,现在所能见到的比较平直的河道,基本都是人工整治形成的,这个区域也是本市水面率最高的区域;滨海平原是长江冲积平原,滩涂淤积成陆或被圈围成陆后,为满足每家每户老百姓取水和排水的需求,开挖河道是最重要的基础设施建设,因此,这个区域的河道原来也比较密集,一百多米甚至几十米就有一条小河道。(2)城市化地区的河网密度小于农村地区。城市化区域由于填河,河道数量锐减,保留的河网密度小、规模小。其中老市区河网密度最小,机场、港口、码头,以及工业区、装备基地的河网密度也很小。(3)1949 年以后圈围区域的河网密度较小。1949 年后新圈围成陆地区直接变成了农场,没有老百姓长期居住,没有大量开挖河道,因此,农场区河道密度就要小于周边老百姓集居区的河道密度。

上海的崇明三岛水系属长江水系,大陆水系属黄浦江水系。黄浦江是构成上海大陆水系的最大干河,也是太湖流域主要排水河道。黄浦江上游有四大支流,太浦河主要承泄太湖及江浙沿线来水,拦路港—泖河—斜塘主要承泄淀山湖及江苏淀泖地区来水,大蒸塘—圆泄泾主要承泄浙江杭嘉湖地区来水,胥浦塘—掘石港—大泖港主要承泄浙江平湖及金山西南部来水。吴淞江—苏州河、蕴藻浜主要承泄太湖及江苏淀泖地区来水。这些河道也是大陆 11 个水利分片涝水外排的承泄通道。

上海的河道按水位与地面的高低不同可分为两种类型：一是最高水位高于地面高程，两岸必须要建设堤防的河道，兼有防洪与除涝双重功能；二是最高水位控制在地面高程以下，两岸不必建设堤防的河道（可以建护岸防止岸坡坍塌），以除涝功能为主。

上海市两岸建堤防的河道数量比较少，主要为水利片外围河道、敞开片圩外河道以及蕰南片内部河道。其余大量河道为最高水位控制在地面高程以下的河道，河道没有防洪要求，两岸没有防洪功能，不需要按防洪标准要求在河道两岸设防，否则浪费工程投资、影响周边地块雨水的自流入河。

当然，有控制的水利片内还有更低洼区域，需要形成小圩区加以保护，圩区外围的圩堤高程需要适当高于片内除涝最高控制水位。由于河道水位处于人为控制状态，没有洪灾的风险，因此，控制片内部的圩堤也不是防洪工程，不宜按防洪标准考虑安全超高，否则影响圩堤的工程等级、工程结构、工程投资，还影响中小河道的生态景观。

上海的水系虽然已经形成 14 个水利片治理格局，但是规划 226 条骨干河道中，外环运河、外环南河、罗蕰河等骨干河道尚未开挖，北横河、泖马河、泰青港等出海通道尚未开通，还有 62 条骨干河道存在断点，不少河道规模没有达到规划要求，影响了骨干河道排水能力的充分发挥，限制了区域除涝能力的进一步提高。

2. 河湖水面率

改革开放前，上海除中心城区外，大部分区域都有较高的水面率。西部低洼地的水面率最高，青浦超过 20%，浦东、奉贤等区域的河湖水面率也可达到 11%～12%。1990 年以后，上海迎来了城市化快速发展时期，在相当长的一段时间内，城市建设区域的填河现象十分突出，加上近十多年来郊区大规模土地平整，河湖水面率快速下降，上海市洪涝风险不断上升。2017 年以后，上海实施了严格的水面积开填补偿制度，填河现象得到遏制，经过几年努力，水面率有所回升，但由于用地问题，回升速度十分缓慢。

根据《2021 年上海市河道（湖泊）报告》，全市共有河道（湖泊）47 086 条（个）（水利片内 47 078 条），河道（湖泊）面积共 649.21 km²，河湖水面率 10.24%（土地面积按 6 340.5 km² 计算）。其中河道 47 035 条，长 30 389.37 km，面积 573.90 km²；湖泊 51 个，面积 75.31 km²。小微水体共计 48 413 个，面积 56.40 km²（不纳入河湖面积统计）。现状水面率与规划 10.5% 还有不小差距，还需要增加 16.48 km² 水面积。

表 6.2-1　2021 年各水利片内河道(湖泊)分布情况表

序号	水利片名称	河道数量(条)	河道长度(m)	河网密度(km/km²)	水面积(km²)	水面率(%)
1	嘉宝北片	3 155	2 697.18	3.86	56.902 1	8.14
2	蕴南片	118	178.10	1.03	4.407 5	2.54
3	淀北片	297	274.03	1.53	6.245 2	3.48
4	淀南片	467	424.84	2.27	9.735 6	5.21
5	青松片	2 572	2 993.02	3.95	68.773 3	9.07
6	浦东片	20 844	10 490.41	5.31	190.270 3	9.63
7	浦南东片	1 915	2 028.09	4.23	32.476 4	6.78
8	浦南西片	735	1 004.87	3.43	18.993 7	6.48
9	太南片	296	321.36	3.21	6.745 1	6.75
10	太北片	316	327.55	3.85	16.336 8	19.21
11	商榻片	97	108.14	3.34	4.809 9	14.84
12	崇明岛片	14 314	8 279.77	7.74	99.412	9.29
13	长兴岛片	242	256.96	3.34	17.921 4	23.31
14	横沙岛片	1 710	678.35	13.77	4.398 4	8.93
	合计	47 078	30 062.65	4.88	537.427 8	8.73

注:(1) 本表按照水利片切分时,跨水利片河道在数量上存在一定的重复计算;
　　(2) 表中合计河湖水面率指水利片内河湖水面率,分母为水利片总面积 6 158.62 km²;
　　(3) 长兴岛片的水面中计入了青草沙水库面积,水面率显得特别高。

表 6.2-2　2021 年各区河湖面积、河湖水面率统计表

行政区划	面积(km²)	河道(湖泊)面积(km²)				河湖水面率(%)
		河道	湖泊	其他河道	小计	
浦东新区	1 210.41	121.966 4	4.598 6	11.984 6	138.549 6	11.45
黄浦区	20.46	1.890 1		0.025	1.915 2	9.36
徐汇区	54.76	3.984 4		0.037 7	4.022 1	7.34
长宁区	38.3	0.993 8		0.132 1	1.125 9	2.94
静安区	36.88	0.599 2		0.097	0.696 2	1.89

续表

行政区划	面积 (km²)	河道(湖泊)面积(km²)				河湖水面率 (%)
		河道	湖泊	其他河道	小计	
普陀区	54.83	1.930 9		0.129 2	2.060 1	3.76
虹口区	23.48	0.870 8		0.093 7	0.964 5	4.11
杨浦区	60.73	6.008 9		0.288 9	6.297 8	10.37
闵行区	370.75	32.687	0.612 4	0.846 2	34.145 5	9.21
宝山区	270.99	17.062 4		4.526 7	21.589 1	7.97
嘉定区	464.2	38.288 7	0.634 2	1.166 2	40.089 2	8.64
金山区	586.05	40.356 6		2.272 6	42.629 2	7.27
松江区	605.64	47.318 7	0.292 8	3.683 1	51.294 5	8.47
青浦区	670.14	64.001 4	57.278 6	4.084	125.364	18.71
奉贤区	687.39	51.305 4	0.540 9	3.926 1	55.772 4	8.11
崇明区	1 185.49	90.417 8	11.356	20.925 6	122.699 4	10.35
合计	6 340.5	519.682 4	75.313 5	54.218 7	649.214 6	10.24

注:(1) 各区行政区划面积参照《2020 上海统计年鉴》;
(2) 各区河道数量、长度包括境内的黄浦江、苏州河等片界河道和其他河道;
(3) 因部分河道为跨区河道或区间界河,在按照行政区划进行切分时数量和长度存在一定的重复统计。

3. 河道断面

本市的河道以梯形断面为主,也有少量"U"形断面。河道边坡一般为 1:2.5,崇明三岛河道边坡为 1:3。黄浦江底高程 $-5 \sim -15$ m,黄浦江上游四大支流底高程 $-3 \sim -5$ m,蕰藻浜底高程约 -3 m,吴淞江—苏州河底高程约 -2 m,大治河底高程 -2 m,其他大部分河道的底高程为 $0 \sim -1$ m,小河道的底高程约为 0.5 m。

水利片内河道的河底是平的,基本没有纵坡,只有下游水位落低的情况下,水才会往下游流动,水流速度十分缓慢。因此,沿长江口、杭州湾、黄浦江建闸控制,挡住高潮,乘落潮多头排水,在解决区域排涝问题中,发挥了重要作用。

6.2.2 水闸(泵站)设施

1. 水闸(泵站)设施分布

水闸与泵站工程虽然与海塘、堤防结合形成统一的防洪防潮闭合线,建设标准也必须按防洪标准考虑,但水闸与泵站的建设必要性、工程规模和布局位置都是由除涝需求来决定的,因此,水闸与泵站工程本质上属于区域除涝工程。

上海市的水闸设施统计包括水闸和泵站,下文将水闸和泵站统称水闸,如果是水闸与泵站结合的工程可称为泵闸工程,但也是水闸设施中的一类。根据 2021 年《上海市水闸设施年报》,全市共有水闸设施 2 902 座(含圩区水闸设施 2 212 座),其中:市管 24 座、区管 349 座、镇管 2 482 座、其他(非水务部门管理)47 座,涉及全市 16 个行政区、14 个水利控制片(除太浦河泵站位于吴江区外)。

全市大部分水闸是圩区水闸,主要分布在西部低洼地区。青松片 1 091 座、浦南西片 469 座和浦南东片 262 座,这三个水利片的水闸数量占全市总水闸数量的 62.8%。按行政区统计,水闸数量前三位分别是青浦 940 座、松江 748 座、金山 482 座,占全市总水闸数量的 74.78%。

表 6.2-3　全市水闸设施在各水利控制片分布情况表

水利控制片	全市					水利控制片一线设施				
	小计	市管	区管	镇管	其他	小计	市管	区管	镇管	其他
嘉宝北片	189	7	54	128	0	83	7	34	42	0
蕰南片	56	7	22	27	0	18	7	11	0	0
淀北片	69	2	43	21	3	22	2	20	0	0
淀南片	72	0	15	42	15	38	0	15	18	5
青松片	1091	3	52	1036	0	151	3	25	123	0
浦东片	148	1	44	90	13	51	1	44	2	4
浦南东片	262	2	7	251	2	16	2	7	7	0
浦南西片	469	0	3	466	0	316	0	3	313	0
太南片	157	0	9	148	0	63	0	9	54	0
太北片	130	1	17	112	0	65	1	17	47	0
商榻片	67	0	0	67	0	67	0	0	67	0
崇明岛片	145	0	69	62	14	70	0	66	0	4
长兴岛片	29	0	8	21	0	11	0	8	3	0
横沙岛片	17	0	6	11	0	6	0	6	0	0
其他	1	1	0	0	0	0	0	0	0	0

续表

水利控制片	全市					水利控制片一线设施				
	小计	市管	区管	镇管	其他	小计	市管	区管	镇管	其他
合计	2 902	24	349	2 482	47	977	23	265	676	13

2. 防洪一线水闸

水闸是处在防洪一线,还是处在控制片内部圩区,其面临的压力、条件和要求也有较大差异。防洪一线的水闸与堤防都是防御洪潮入侵的主要工程,共同组成封闭的防洪保护圈,挡住外来洪潮高水位的威胁,也能乘低潮排涝,因此,兼有防洪与除涝的功能。非防洪一线水闸的功能是方便除涝的控制与调度。

全市水闸设施中,位于水利控制片一线的有977座,占全市水闸总量的33.7%,其中:市管23座、区管265座、镇管676座、其他13座。

综合起来分析,防洪一线的水闸主要处在这几条控制线上:(1)沿长江口、杭州湾一线;(2)沿黄浦江干流及支流闸外段一线;(3)沿淀山湖—拦路港—斜塘一线;(4)沿吴淞江—苏州河一线;(5)沿太浦河一线;(6)沿大蒸塘—圆泄泾一线;(7)沿惠高泾—掘石港—大泖港一线;(8)浦南西片与商榻片的敞开河道;(9)浦南西片、商榻片及太南片中为太湖流域留出的泄洪通道一线。

3. 控制片内圩区水闸

水利控制片的建设大大地缩短了防洪战线,提高了防洪效率。但是,由于有些区域地势非常低洼,控制片内又建成了许多小圩区,来解决局部地区除涝问题。本市大量小型水闸就属于控制片内部的圩区水闸,由于与控制片相比为二级控制,圩区泵站的强排,主要影响控制片内的圩外河道水位,增加没有建圩区域的风险,对水利控制片外部流域通道的水位,则影响不大。

全市共有圩区水闸设施2 212座,其中:节制闸583座、泵闸1 404座、泵站104座、套闸70座、涵闸51座。

表6.2-4 各水利片圩区水闸设施情况表

水利片	节制闸	泵闸	泵站	套闸	涵闸	合计
嘉宝北片	36	47	6	0	3	92
淀南片	7	16	0	0	0	23
青松片	243	654	31	25	10	963

水利片	节制闸	泵闸	泵站	套闸	涵闸	合计
浦东片	34	30	1	0	4	69
浦南东片	48	176	0	0	9	233
浦南西片	105	332	6	3	8	454
太南片	44	67	18	21	0	150
太北片	28	21	20	17	0	86
商榻片	38	14	5	4	6	67
崇明岛片	0	37	9	0	7	53
长兴岛片	0	5	6	0	0	11
横沙岛片	0	5	2	0	4	11

表 6.2-5　各行政区圩区水闸设施情况表

行政区	节制闸	泵闸	泵站	套闸	涵闸	合计
闵行区	7	16	0	0	0	23
宝山区	3	1	0	0	0	4
嘉定区	33	46	6	0	3	88
金山区	133	289	4	1	17	444
松江区	80	601	3	0	0	684
青浦区	293	374	73	69	16	825
奉贤区	34	30	1	0	4	69
崇明区	0	47	17	0	11	75

目前各区或多或少存在水闸运行年代久远、设计标准偏低、设备老化现象。有些水闸经安全鉴定为四类水闸,安全风险较大,需要除险加固或重建,也有一些鉴定为三、四类水闸降标运行,但安全隐患是客观存在的,特别是沿江沿海水闸,一旦出现问题可能会引发潮灾等更严重的问题,必须加以重视。

第7章
上海市水利工程管理与运行调度状况

7.1 上海市水利工程管理

7.1.1 管理职责与分工

1. 千里海塘的管理

上海市水务局是海塘工程的水行政主管部门,负责全市海塘的行业管理,指导、监督、考核相关区海塘运行管理工作,审核本市海塘运行年度计划,拟定海塘运行的技术质量标准、规程、规范和定额等。

上海市的海塘分别由金山区、奉贤区、浦东新区、宝山区和崇明区等五个区水务局具体管理,共有七个海塘管理所(或称中心),海塘管理所下设若干堤防管理站或养护工段,负责海塘工程的巡查、养护、维修和日常管理工作。海塘管理部门依法对海塘公用岸段实施责任制管理,对海塘专用岸段实施监督管理,对养护、修复、加固工程计划实施管理。

主海塘可分为公用岸段和专用岸段两类,公用岸段约占主海塘总长度49%,专用岸段约占51%。专用岸段一般是港口、码头等沿线企业需要使用的岸段,其他为公用岸段。公用岸段海塘建设由市水务局组织编制年度计划并实施。公用岸段海塘岁修和养护由区水务局组织编制年度计划,报市水务局备案,并由区水务局组织实施。专用岸段海塘建设、岁修和养护由专用单位组织编制计划,报区水务局备案,并由专用单位实施。区水务局负责检查、督促本行政区域内专用岸段海塘的建设、岁修和养护责任的落实,并进行业务指导。

2. 千里江堤的管理

上海市水务局是黄浦江、苏州河堤防设施的水行政主管部门,负责黄浦江、苏州河堤防设施建设和运行管理的监督指导,以及黄浦江上游干流段、拦路港—泖河—斜塘、太浦河、大蒸港—圆泄泾和胥浦塘—掘石港—大泖港等堤防设施的日常管理工作;黄浦江中下游和苏州河由沿线各区水行政主管部门负责辖区内堤防设施的监督管理,由其确定的堤防设施管理单位负责辖区内堤防设施日常管理。

3. 河道湖泊的管理

上海市水务局是本市河道的行政主管部门,其所属的水利管理事务中心负责对本市河道进行监督管理和指导,并对市管河道实施管理。区水行政主管部门是同级人民政府河道行政主管部门,按照其职责权限,负责本行政区域内河道的管理。乡(镇)人民政府和乡(镇)水利机构按照其职责权限,负责乡(镇)管河道的管理;街道办事处负责对所在区域内的河道的日常监督管理,其业务接受上级河道行政主管部门的指导。

据《2021 上海市河道(湖泊)报告》统计,市管河道(湖泊)共 33 条(个),面积 145.55 km²,河湖水面率 2.28%;区管河道(湖泊)共 535 条(个),面积 126.6 km²,河湖水面率 2.0%;镇(乡)管河道(湖泊)共 2 703 条(个),面积 126.06 km²,河湖水面率 1.99%;村级河道 38 712 条,面积 197.77 km²,河湖水面率 3.12%。

随着河(湖)长制的深入实施,河道保洁、巡查等工作都得到细化落实,全市河道管理能力得到进一步加强。

4. 水闸(泵站)的管理

上海市水闸实行市、区和镇(乡)三级管理。上海市水务局是本市水闸的行政主管部门,上海市水务局所属的水利管理事务中心负责本市水闸的管理工作,负责拟定本市水闸设施技术质量标准、规程、规范并监督实施,负责拟订本市水闸、泵站防汛排涝调度方案并监督实施,负责监管本市水利工程设施运行养护市场;上海市堤防泵闸建设运行中心负责市管水闸、水利泵站(即河道的排涝泵站,不包括市政雨水泵站和农田灌溉泵站)的运行、养护、维修等设施管理工作。区水行政主管部门按照其职责权限,负责本行政区域内水闸的管理。镇(乡)水利机构按照其职责权限,负责镇(乡)管水闸的管理。区管及以下水闸的具体管理部门为区水闸管理所、乡镇水务站等部门。

目前,上海市水利管理事务中心负责全市 2 902 座水闸的统筹管理工作;上海市堤防泵闸建设运行中心负责市属 24 座水闸和黄浦江、苏州河(吴淞江)沿线堤防的运维管理;区水务局负责 349 座区管水闸、区内河道、沿海海塘的运维管理;乡镇(街道)水务站负责乡镇 2 482 座镇管水闸的运维管理。相对独立地区水闸由其所在地集团或村集体负责管理,光明集团、上实集团、机场集团、劳教局负责所辖区域范围内 47 座泵闸的运维管理。

本市实行船闸与船舶相分离的管理体制,船闸管理工作隶属于水务部门,船舶管理隶属于海事部门。由于船舶大型化趋势已经形成,常有超过航道通航等级标准的船舶强行过闸、进入航道,水务部门无法对超吨位船舶过闸实施有效的管理,容易在台风侵袭、河道预降时产生搁浅等冲突,还有随意在水闸排水安全区域内滞留停靠等现象,妨碍了水闸正常的排涝调度以及水位预降的及时、到位,增加了除涝风险。

本市实施水利分片综合治理,水利片与圩区两级控制措施,但水闸的控制管理比较分散,特别是一些乡镇控制的泵站,排涝调度中忽视对周边及整个区域的影响,产生了局部风险与整体风险的矛盾和冲突。本质上,水利分片只是根据综合治理需要进行的控制边界划分,水利片之间、圩区之间、水利片与圩区之间不是相互割裂的独立存在,面临风险时,应当根据具体情况,相互支持、协同调度。在降雨分布不均匀的情况下,能否协调圩区与水利片关系,能否协调水利片与水利片之间的关系,团结治水,降低最高水位、减少淹没时间,是值得深入研究的减灾课题。

7.1.2　管理队伍与经费

1. 管理队伍

本市现有 2 个独立核算的市事业性质的水利设施管理单位。有 25 个独立核算的区事业性质的水利设施管理单位,基本为全额拨款事业单位。有 79 个独立核算的乡镇水务管理单位,实施"以条为主、条块结合"的管理模式,人员和管理经费基本实现了财政全额拨款。

2022 年,市管水闸职工 239 人,其中大专学历占 45.2%,本科学历占 52.3%,研究生学历占 2.5%。区管水闸职工总人数 1 172 人,其中大专学历占 18.1%,本科学历占 77.5%,研究生学历占 4.4%。相较而言,区管水闸职工更年轻化。

2. 管理经费

2022 年,市管水闸泵站投入管理经费 4 907 万元,其中人员经费+办公经费+运行经费占 58.9%,维修养护占 39.3%,其他占 1.8%。区管水闸泵站投入管理经费 51 897 万元,其中人员经费 45.1%,办公经费占 2.7%,运行经费占 16.8%,维修养护占 31.7%,其他占 3.7%。圩区水闸泵站投入管理经费 16 556 万元,市财政补贴 1 480 万元,其中人员经费占 50.2%,维修养护费占

49.8%。据调查,本市水闸泵站管理配备的专业人员和管理经费都有保障,泵闸运行的电费基本由财政照实结算。

7.2 上海市防汛运行调度与泵闸设备维养

7.2.1 防汛运行调度

1. 防汛调度职责

根据《中华人民共和国防洪法》,防汛抗洪工作实行各级人民政府行政首长负责制,统一指挥、分级分部门负责。按照国家法律法规和《上海市防汛条例》的规定,上海市建立了市、区、街道(乡镇)三级防汛指挥机构,负责本行政区划内防汛工作的组织、协调、监督、指导等工作,由各级防汛指挥部办公室负责处理日常工作;有防汛任务的部门和单位成立防汛领导小组,负责本部门和单位防汛工作的组织、协调等日常工作。

各级防汛管理部门主要依据防汛预案、防汛预警、防汛指令以及上海市水务局印发的《上海市水利控制片水资源调度方案》(沪水务〔2020〕74号)实施防汛调度。

市、区两级政府和乡镇(街道)及相关部门都制定了防汛防台专项应急预案,对指挥调度、信息发布、避险引导、人员撤离、应急抢险、物资调配、医疗救护等都设定了应急状态下的操作预案,预案每年都作评估修订,并且定期进行一次大的修编。

目前已经建立了组织指挥体系、预案预警体系、信息保障体系、抢险救援体系来支撑本市防汛防台工作。

2. 台风与暴雨预警

灾害预警的种类很多,与洪涝有关的灾害预警,主要是台风、暴雨预警。根据2019年最新的《上海市气象灾害预警信号发布与传播规定》,台风、暴雨预警都有相应的标准和防御指南。

台风预警信号分四级,分别以蓝色、黄色、橙色和红色表示。四级预警的标准主要依据未来台风影响本市的时间和风力等级确定。

台风一般在生成时就开始跟踪报道,24小时前发布蓝色或黄色预警,12小时前发布橙色预警,6小时前发布红色预警。台风预警信号的升级比较有序,除涝预降准备的时间比较长。在高水位顶托情况下,大多数水利片在24小时内按规划要求预降到位还有一定困难。

表 7.2-1　台风预警信号分级标准及防御指南

分级	标准	防御指南
台风 TYPHOON	24 h 内可能或者已经受热带气旋影响,沿海或者陆地平均风力达 6 级以上,或者阵风 8 级以上并可能持续	1. 停止露天集体活动和高空等户外危险作业。 2. 过往船舶采取积极应对措施,如回港避风或绕道航行等。 3. 加固门窗、围板、棚架、广告牌等易被风吹动的搭建物,切断危险的室外电源。 4. 政府及相关部门按照预案,做好台风应对工作
台风 TYPHOON	24 h 内可能或者已经受热带气旋影响,沿海或者陆地平均风力达 8 级以上,或者阵风 10 级以上并可能持续	1. 停止室外大型集会和户外高空危险作业。 2. 加固港口设施;船舶做好防风措施,防止走锚、搁浅和碰撞。 3. 人员尽量减少外出,确保老人、小孩留在家中最安全的地方;危棚简屋、临时工棚内的人员及时转移至安全场所。 4. 加固或者拆除易被风吹动的搭建物;外出人员避免在玻璃门窗、危棚简屋附近及广告牌等高空建筑物下面逗留。 5. 政府及相关部门按照预案,做好台风应对工作
台风 TYPHOON	12 h 内可能或者已经受热带气旋影响,沿海或者陆地平均风力达 10 级以上,或者阵风 12 级以上并可能持续	1. 停止户外活动、大型集会和除应急抢险以外的户外作业。 2. 相关水域水上作业积极应对,保障人员安全;加固港口设施;过往及船舶做好防风措施,防止走锚、搁浅和碰撞。 3. 人员尽量减少外出,确保老人、小孩留在家中最安全的地方;危棚简屋、临时工棚内的人员及时转移至安全场所。 4. 加固或者拆除易被风吹动的搭建物;外出人员避免在玻璃门窗、危棚简屋附近及广告牌等高空建筑物下面逗留。 5. 当台风中心经过时,风力会减小或者静止一段时间,切记强风将会突然吹袭,应当继续留在安全处避风。 6. 政府及相关部门按照预案,做好台风应对工作
台风 TYPHOON	6 h 内可能或者已经受热带气旋影响,沿海或者陆地平均风力达 12 级以上,或者阵风 14 级以上并可能持续	1. 根据本市相关规定临时停课;采取专门措施保护已到校学生的安全。 2. 除政府机关和直接保障城市运行的企事业单位外,其他用人单位视情况临时停产、停工、停业。 3. 停止户外活动、大型集会和除应急抢险以外的户外作业。 4. 相关水域水上作业积极应对,必要时撤离人员;加固港口设施;船舶做好防风措施,防止走锚、搁浅和碰撞。 5. 人员尽量减少外出,确保老人、小孩留在家中最安全的地方;危棚简屋、临时工棚内的人员及时转移至安全场所。 6. 加固或者拆除易被风吹动的搭建物;外出人员避免在玻璃门窗、危棚简屋附近及广告牌等高空建筑物下面逗留。 7. 当台风中心经过时,风力会减小或者静止一段时间,切记强风将会突然吹袭,应当继续留在安全处避风。 8. 政府及相关部门按照预案,做好台风应对工作

　　暴雨预警信号也分蓝色、黄色、橙色和红色四级。四级预警的标准主要依据未来暴雨影响本市的时间和雨量确定。暴雨预警时间要短得多,一般为 6 小时预报,而且暴雨预警信号的升级比较快、比较突然,也可能越级预警,多数暴雨预警时来不及作除涝预降。因此,暴雨预警无法直接指导除涝的预排、

预降。

表 7.2-2　暴雨预警信号分级标准及防御指南

分级	标准	防御指南
暴雨 RAIN STORM	未来 6 h 内，可能或已经出现下列条件之一并将持续： (1) 1 h 降雨量达 35 mm 以上。 (2) 6 h 降雨量达 50 mm 以上	1. 市民出行需备好雨具，确保安全。 2. 驾驶人员注意路面积水。 3. 政府及相关部门按照预案，做好暴雨应对工作
暴雨 RAIN STORM	未来 6 h 内，可能或已经出现下列条件之一并将持续： (1) 1 h 降雨量达 50 mm 以上。 (2) 6 h 降雨量达 80 mm 以上	1. 市民尽量减少外出，检查门窗，防止雨水渗漏。 2. 驾驶人员注意路面积水。 3. 切断低洼地带有危险的室外电源；暂停在空旷地方的户外作业；危险地带人员和危房居民转移到安全场所避雨。 4. 检查城市、农田、鱼塘排水系统，采取必要的排涝措施。 5. 政府及相关部门按照预案，做好暴雨应对工作
暴雨 RAIN STORM	未来 6 h 内，可能或已经出现下列条件之一并将持续： (1) 1 h 降雨量达 80 mm 以上。 (2) 6 h 降雨量达 100 mm 以上	1. 市民尽量减少外出，检查门窗，防止雨水渗漏。 2. 驾驶人员要注意防汛警示标志，尽量远离坡底、桥洞等积水处。 3. 切断有危险的室外电源；暂停户外作业。 4. 处于危险地带的单位及时停课、停业；采取专门措施保护已到校学生和其他上班人员的安全。 5. 做好城市、农田的排涝。 6. 政府及相关部门按照预案，做好暴雨应对工作
暴雨 RAIN STORM	未来 6 h 内，可能或已经出现下列条件之一并将持续： (1) 1 h 降雨量达 100 mm 以上。 (2) 6 h 降雨量达 150 mm 以上	1. 根据本市相关规定临时停课，采取专门措施保护已到校学生的安全。 2. 除政府机关和直接保障城市运行的企事业单位外，其他用人单位视情况临时停产、停工、停业。 3. 停止户外活动、大型集会和除应急抢险以外的户外作业。 4. 市民避免外出；室外人员避雨，须远离低洼处、电线杆和高压线塔。 5. 驾驶人员注意防汛警示标志，尽量远离坡底、桥洞等积水处。 6. 做好城市、农田的排涝。 7. 政府及相关部门按照预案，做好暴雨应对工作

3. 防汛四色预警

本市建立了防汛分级预警和响应制度，以蓝、黄、橙、红四色分别表示轻重不同的防汛预警，以Ⅳ、Ⅲ、Ⅱ、Ⅰ依次表示相应的四级响应等级。防汛蓝色、黄色、橙色、红色预警主要参考气象部门四色预警确定，市防汛指挥机构统一制定并公布的《上海市防汛防台应急响应规范》对本市防汛防台应急响应作出详细规定，其响应标准、响应行动、防御提示与上文所述的防御指南有点类似，本书不再赘述。这里着重论述防汛四级响应中与除涝有关的具体操作。

表 7.2-3 上海市水利片防汛调度基本要求表

应急响应等级	调度方式	水利控制片	预降内河水位控制要求(m)	
			汛期	非汛期
天气预报24h内有大雨及以上或24h后48h内有暴雨及以上	引水口门降低引水力度,排水口门正常排水	蕴南片、淀北片、淀南片、崇明岛片	≤2.90	≤3.0
		青松片、太北片	≤2.70	≤2.80
		浦南东片、嘉宝北片、浦东片	≤2.80	≤2.90
		长兴岛片、横沙岛片	≤2.30	≤2.40
Ⅳ级响应(蓝色)	引水口门暂停引水,排水口门正常排水	蕴南片、淀北片、淀南片、崇明岛片	≤2.70	≤2.8
		青松片、太北片	≤2.55	≤2.60
		浦南东片、嘉宝北片、浦东片	≤2.60	≤2.70
		长兴岛片、横沙岛片	≤2.20	≤2.30
Ⅲ级响应(黄色)	引水口门停止引水并视情况改引为排,排水口门加大排水力度全力排水	蕴南片、淀北片、淀南片、崇明岛片	≤2.55	≤2.65
		青松片、太北片	≤2.45	≤2.55
		浦南东片、嘉宝北片、浦东片	≤2.50	≤2.60
		长兴岛片、横沙岛片	≤2.10	≤2.20
Ⅱ级响应(橙色)	引水口门改引为排,所有泵闸全力排水	蕴南片、淀北片、淀南片、崇明岛片	≤2.40	≤2.45
		青松片、太北片	≤2.35	≤2.40
		浦南东片、嘉宝北片、浦东片	≤2.40	≤2.45
		长兴岛片、横沙岛片	≤2.00	≤2.10
Ⅰ级响应(红色)	全部水闸、泵站、船闸全力投入排水	蕴南片、淀北片、淀南片、崇明岛片、青松片、太北片、浦南东片、嘉宝北片、浦东片、长兴岛片、横沙岛片	在保证水务工程设施、水源地用水、船舶停靠等安全的前提下,尽全力预降片内河水位	

从防汛调度方案分析,在橙色预警时,要求的预降水位与规划预降水位还有不少差距,大部分水利片还差 0.4 m,青松片还差 0.55 m。根据实际经验,橙色预警升级到红色预警时间很短,有时刚发布橙色预警不久,立刻升级到红色预警,水利片的河网水位短时间内下降 0.4 m 非常困难,因此,在红色预警时,即使"尽全力预降",各水利片的预降水位均很难达到规划要求。

除预降时间和力度外,影响预降的因素还有很多,主要集中在以下几方面:一是船舶超载。水利片内航道的规划设计通航最低水位一般为 2.0 m,与规划除涝预降水位一致,但由于船舶普遍大型化,且没有有效的限制措施,通行船舶载重远超规划航道的设计标准,一些航道水位预降低于 2.4 m 时,就会引起船舶搁浅事件,使得预降被迫中止,预降水位达不到除涝规划要求。二是圩区过度预降。内部有大量圩区的水利片,一般圩区强排能力远超过水利片外围强排能力,往往使得圩区水位过低,圩区预降与水利片预降不协调,水利片水位无法预降到位。三是常水位偏高。过去水利片常水位一般为 2.5 m,后来由于增强引水调度效果及水景观提升等需要,将常水位确定为 2.5～2.8 m,也就是 2.5 m 引水到 2.8 m,再降到 2.5 m,但有些水利片常水位长期维持在 2.8 m 以上,增加了预降难度。四是水环境制约。雨前河道水位预降后,常出现河床露底、水环境变差等现象,有些区域为了保持水环境质量,不愿预降到 2.0 m,这也是影响预降的因素之一。

当然,除涝规划确定的 20 年一遇 24 小时大范围暴雨,是比较稀有的暴雨,且多数红色暴雨预警可能是短历时、小范围强暴雨,不会形成涝灾,所以,我们有必要对可能形成涝灾的特大台风暴雨、特大梅雨,另行制定预降措施和方案,消除预降中的障碍,保证遭遇规划标准以上暴雨时,按规划预降到位,保障本市的除涝安全。

4. 防汛警戒水位

警戒水位是指江、河、湖、海的水位上涨到堤防可能发生险情的水位。它是我国防汛部门规定的各江河堤防需要处于防守戒备状态的水位。到达该水位时,堤防防汛进入重要时期,这时,防汛部门要加强戒备,密切注意水情、工情、险情的发展变化。

警戒水位是根据长期防洪抢险规律、保护区重要性、河道洪水特性及防洪工程变化等因素,经相关部门分析研究后设定,报经上级部门批准发布的。

1981 年上海市初次颁布了黄浦江警戒水位,确定了黄浦江下游的吴淞站、中心城区的黄浦公园站及上游的米市渡站三个水文站的警戒水位。

随后的十多年,黄浦江沿线各站实测高潮位明显抬高,同时,黄浦江两岸堤防(防汛墙)建设逐步完善,实际防御能力大大提高,但平均每年超过原定警戒水位次数大幅增加,防汛警报十分频繁。因此,1996 年 10 月,上海市防汛指挥部根据《上海市江河警戒水位研究》成果,发布《关于调整黄浦江防汛警戒水位的通知》(沪汛部〔1996〕12 号),对上述三站的警戒水位作了调整,并新增黄浦江上游的泖甸、三和、朱泾 3 个支流站警戒水位,通知要求,调整后黄浦江警戒水位自 1997 年 1 月 1 日起执行,凡今后预报超过警戒水位,各区、县防汛指挥部都要加强值班,高潮时加强对沿江沿河检查、督促。各沿江单位要对防汛通道闸门、下水道闸门加强管理,根据自身情况确定关闭水位,确保防汛安全。

2005 年以后,黄浦江上游水位屡创新高,年内超警戒水位的频次很多,随着西部低洼地区第二轮防洪工程的完成,2021 年上海市防汛指挥部办公室根据相关研究,颁布 46 个防汛代表站警戒水位值(沪汛办〔2021〕44 号),一方面调整米市渡等黄浦江上游站的警戒水位;另一方面增加了代表站数量,12 个水利控制片内部也设定了警戒水位,除长兴岛和横沙岛警戒水位设定在 2.4 m,其他 10 个水利片的警戒水位基本设定在 3.2 m 左右。

表 7.2-4　黄浦江警戒水位　　　　　　　　　　　　　单位:m

年份	吴淞站	黄浦公园站	米市渡站	泖甸站	三和站	朱泾站
1981	4.70	4.40	3.30			
1997	4.80	4.55	3.50	3.40	3.30	3.50
2021	4.80	4.55	3.80	3.50	3.50	3.65

5. 特殊区域的应急调度

由于历史原因,老市区河网十分萎缩,容蓄雨水能力急剧下降,其蓄排能力无法承泄城市小区雨水系统集中强排的水量。内河水位不断逼高,不得不采用高水位排涝的办法来解决涝水出路问题,但防汛墙本身的安全可靠程度不高,有些区域采用非常规的应急调度方式。例如,蕰南片规划除涝最高水位为 4.44 m,规划防汛墙高程为 5.0 m,而现状防汛墙只能承受 4.1 m 左右的内河水位,暴雨期间,如果开足市政雨水泵站,虽然可以避免地面严重积水,但河道水位将迅速上升,河水有破堤、漫溢、泛滥的风险。因此,被迫采取市政雨水泵站强行停机的措施,造成小区、街道积水甚至涝灾。当遇上高潮位,不能开闸排水时,情况就更加危险,这类地区防汛排涝形势十分紧张。

9711 号台风期间,恰逢天文高潮,杨浦区降雨 88.1 mm,杨树浦港内河水位高达 4.39 m,造成杨树浦港赵家桥北侧内河防汛墙决口,黑臭河水漫溢,致使兰州新村 561 户居民家中受淹,水深达 1～1.2 m,给工业生产和居民生活带来了严重影响。鉴于这种局面,杨浦区防汛办于 1998 年 6 月会同市排水有限公司、区市政工程管理所、区河道管理所拟定了《杨浦区内河关闸期间控制水位应急调度方案》,其中规定:当大雨、暴雨来临,内河水位达 3.6 m 时,部分泵站停机;当内河水位达到 4.0 m 时,全区排向内河的所有雨水泵站全部停机。2006 年,上海市防汛指挥部办公室印发《关于发布杨树浦港等四条内河沿线泵站应急调度预案的通知》(沪汛办〔2006〕21 号),应急调度预案规定:当杨树浦港、虹口港、彭越浦、新泾港的水位分别超过 4.0～4.2 m 时,沿线雨水泵站部分停止运行或全部停止运行。

这种应急调度方式,虽然可以避免河水漫溢、泛滥的风险,但是遇到历时超过 3 小时的连续大暴雨,积水或涝灾风险无法解除。现状雨水排水系统标准只有 1 年一遇,如果雨水排水系统提升到 5 年一遇标准,情况就更复杂。因此,对于规划水位高于地面高程的河道,必须切实解决两岸防汛墙的防御能力问题,真正做到河道水位按除涝规划水位运行而不出风险,才能降低这类特殊区域的涝灾风险。

7.2.2 泵闸设备维养及使用

1. 泵闸设备维养

泵闸设备是实施防汛运行调度的主要控制工程。为加强本市水闸、泵站维修养护管理,提高维修养护质量和作业水平,确保泵闸设备运行安全和效益发挥,市水务局于 2006 年颁布、2017 年修编了《上海市水闸维修养护技术规程》《上海市水利泵站维修养护技术规程》,对水闸和泵站工程的闸门、启闭机、水泵机组、水工建筑物、控制系统、电气设备、环境和绿化等方面提出了明确的养护维修标准和要求。全市水闸管理单位总体按照上述规程的要求,核算维养经费,开展相关维养作业,保障泵闸设备正常运行。

目前,全市各级水闸管理部门主要采用招投标方式确定水闸运行养护单位,推进水闸维护的市场化。市管水闸的操作运行、检查养护和一般维修工作采取"管养分离"模式,全部市场化,通过公开招标方式择优选择相关单位承担。区、镇、村管水闸的养护因各区条件不同,市场化推进深度也不尽相同,如青浦区、奉贤区水闸运行养护完全采用市场化模式,宝山区水闸运行养护采用"自管"和市场化相结合的模式,浦东新区水闸运行养护则主要采用政府购买第三方服务方式。尽管各区水闸市场化运行养护模式、推进程度不同,但政府购买服务、运维管理市场化都取得了较好效果,既容易考核,又节约经费。

近年来,本市的泵闸设备运行基本良好,但管养单位也反映了一些问题:(1)全市水闸泵站建设无统一标准,每个水闸泵站都在不断"创新",放弃了多年经验积累得到的最适用、最实用、最好用的技术和设备,零部件的规格型号通用性差,在采购备件时成本大幅增加,养护难度增加;(2)水闸设计门型太多,不同门型检修太麻烦,维修养护管理不方便;(3)水闸启闭方式越来越多采用液压式,但液压式很难养护,采用双液压设备的,两个液压之间不平衡就容易拉断。

2. 泵闸设备使用

全市水闸中,水利片外围水闸使用频率较高,特别是沿江沿海的大水闸使用频繁;而水利片内部圩区小水闸的使用频率就相对低些。使用频率高的水利片外围水闸,一般都能遵循防汛调度规则及时启闭,而使用频率不高的圩区小水闸,就可能疏于管理,变成常开或常关。2012 年 6 月 18 日凌晨,上海市某地发生一场短历时局部暴雨,由于圩区水闸常关,没能及时打开,河水暴涨,淹了一个养鸡场。因此,建议加强水利控制片内部圩区水闸常开、常关利弊研究,明确不同时期、不同条件下圩区水闸的启闭规则,以免出现意外风险。

　　泵站的使用频率正好相反,水利片外围大泵站使用频率较低,而圩区小泵站的使用频率较高。一般暴雨不会引起整个河网水位的大幅度上涨而产生涝灾风险,而出现除涝标准中 20~30 年一遇 24 小时雨量 200~220 mm 的面雨量是小概率事件,因此,水利片外围大泵站使用频率较低是比较自然的事。泵站运行 15 年以后,就面临老化的问题,排涝功效衰减、运行故障增多,影响泵站功能的发挥,加上维护成本和使用成本较高,投资建设大泵站并不经济和低碳,但是,在河道数量减少、水面率降低、河网调蓄能力不足的情况下,也只能设置外围大泵站来提高除涝标准,特别是高潮顶托时,水闸排水十分困难,需要增加泵站规模来降低涝灾风险。圩区小泵站的情形则不同,圩区一般设置在低洼地区,这里的地势很低,采用"围起来、打出去"的办法,利用泵站强排降低局部区域的水位,就可以利用低洼地搞开发建设。圩区的范围小,泵站排涝的路径短,设泵强排容易见效,因此,有些区镇忽视圩区内部河道保留、水面率控制和水位控制,依赖泵站强排把除涝压力转移到圩外河道,圩区小泵站使用频率较高也就比较自然了。值得注意的是,虽然每个小泵站强排动力配置不大,但是,圩区占比高的区域,圩区的总强排动力累加起来十分惊人,容易产生新的风险。

　　据各区反映,一些泵闸设备还存在使用受限的问题:(1)在台风暴雨期间,风力较大,容易发生树木倒伏压倒线路或供电发生故障问题,影响水闸泵站正常运行,增加涝灾风险。(2)有些沿海水闸设计单孔过宽,或者出口段河道没有局部放大,容易导致水闸运行时河道流速过大,河床冲刷,影响设施安全。如果用调节闸门开度办法来降低流速,操作比较困难,也限制了水闸能力的发挥。(3)有些泵站设计单泵流量过大,或河道规模没有与泵排能力匹配,在需要预排时,泵前容易抽空,无法正常启用。有些大流量泵站不能在短时间内反复启动,当泵站完成预降停机后若马上出现暴雨,就会遇到泵站无法再次启动的问题。这些都会增加涝灾风险。(4)有些泵站的设计水位直接套用预降水位值,使得泵站设计最低工作水位偏高,导致雨前预降时泵前水位很快低于设计工况而关泵,缩短了实际开泵时间,限制了泵站预降作用发挥,增加了涝灾风险。水利片的规划面平均预降水位就是河网水动力模型计算的面平均最低水位,各泵站的实际水位各不相同,但都要比面平均预降水位低,这种工况必须加以重视。(5)近几年,液压启闭机由于具有结构紧凑、启闭容量大等诸多优点,在新建泵闸中得到大量应用,但由于施工精度、设备安装调试能力等方面因素制约,无法根据内外河水位灵活控制闸门,也容易出现因异物造成闸门关不严的情况,对排涝产生一定影响。

第8章
上海市防洪除涝风险分析

8.1 上海市洪涝风险影响因子

8.1.1 气候地理的影响

1. 风暴潮遭遇，高潮顶托

上海所处的地理位置以及滨江临海的自然条件决定了上海最容易受台风、暴雨、高潮的入侵。特别是当风、暴、潮出现"三碰头"，长江口高潮叠加台风增水形成高水位，并通过黄浦江水系向内陆传递，各水利片外围水位高涨，防洪风险加剧；同时，由于高潮顶托，外排困难，遭遇特大暴雨就会造成严重的涝灾。

由于台风暴雨的范围不同、路径不同，可能造成部分区域发生洪涝灾害，也可能引起全市范围的洪涝灾害，受灾区域没有明显的区位特征。

2. 特大梅雨，外排缓慢

江淮地区的特大梅雨是产生流域性洪涝灾害的主因，上海西部区域容易受到洪涝灾害侵袭。由于特大梅雨历时长达 30～90 天，总雨量很大，覆盖范围很广，太湖流域浙西区、湖西区的洪水连续进入太湖，太湖面临很大的防洪压力。当通过太浦河水闸和瓜泾口水闸向下游泄洪时，往往遇到下游河道长时间处于基本蓄满状况，这对杭嘉湖区、阳澄淀泖区、浦东浦西区构成流域洪水、涝水叠加风险。就泄洪通道的堤防而言，梅雨期产生的最高水位要低于台风暴雨产生的最高水位，因此，梅雨产生的防洪风险并不是最严重的洪灾风险，但是，本市西部区域涝水的外排路线长，排水非常缓慢，黄浦江及上游河道每天还有两次高潮顶托、倒流，整个河网的水位居高不下，期间遇到大暴雨，很容易造成西部低洼地区大范围涝灾。浦东片及崇明三岛等靠近长江口、杭州湾的区域,排水条件好,退水快,长时间梅雨期间,日雨量不大的暴雨不容易形成涝灾。

3. 地势低洼,外排困难

上海西部低洼地是太湖流域地势最低的区域,是暴雨汇集之地,在没有人工干预的情况下,发生涝灾的概率比其他区域高。为了利用这些土地,需要采用"围起来、打出去"的方法,在低洼地区外围建设堤防、水闸和泵站等控制工程,内部整治河道水系,以河道调蓄、泵站强排的方式,降低除涝最高水位,保障圩区除涝安全。因此,在调蓄能力减少、外排能力不足的情况下必定会受淹,这是低洼地区容易受涝的主要原因。

4. 超标暴雨,风险扩大

当区域发生的实际暴雨远超过规划设计标准,造成洪涝灾害也不可避免。但在当前的城市发展状况下,如果本市再次发生"77·8"暴雨、"63·9"暴雨这样的极端暴雨,会产生什么样的情形,还缺少系统性研究,也缺少应急抢险的各项准备。特别是地下空间所面临的新型洪涝风险,超过了传统水利、排水标准考虑的范围,应当超前谋划、加强防范。目前上海的地下空间已经十分密集,地铁网络四通八达,如果遭遇特大风暴潮,沿江沿海的海塘、堤防溃缺,大量潮水洪水漫溢涌入地下空间,或者遭遇极端暴雨,地面淹没,涝水位超过地下空间的设防水位,涝水涌入地下空间,都将引发地下空间的严重灾害。

8.1.2 人类活动的影响

1. 水面减少,调蓄能力降低

城市化带来的下垫面最大变化是河道减少。上海本是江南水乡,河网密布,为居民的生产、生活用水,以及暴雨就近排水提供了重要的基础保障。但在城市开发建设过程中"与水争地"现象时有发生,大量河道被填或缩窄,水系不畅,河道调蓄能力下降,空间分布不均匀,暴雨时就近入河的调蓄能力与除涝要求差距较大,这是导致一些区域容易形成涝灾的主要原因。

2. 地面硬化,暴雨径流增强

城市化带来的下垫面另一重要变化,是地面硬质化、排水管网化。暴雨径流量增多,径流强度增大,汇水加快且集中,大量雨水通过众多雨水管网系统收集强排入河。如果河道过少、水面率过低,调蓄能力严重不足,区域除涝最高水位将被迫采用高于地面高程的方案。当遭遇 3 小时以上的连续大暴雨,管网强排量超过河网蓄排能力,河道水位快速上涨,就容易产生"强排致洪"的风险。为避免漫溢、溃堤带来更严重的水灾,当河道水位超过保证水位时,须采取沿河市政雨水泵站被迫停机的应急措施,形成街坊积水或涝灾。因此,地面硬化,暴雨径流增多,是一些区域洪涝灾害风险增加的重要因素。

3. 预降困难,有效调蓄减少

目前影响水利片预降的因素较多:航道内船舶大型化后容易搁浅,导致有些水利片不能按规划预降;由于河道环境景观水位要求等原因,有些河道不愿按规划要求预降到位;圩区预降与水利片预降不协调,圩外河道水位无法预降到位;一些地区常水位偏高,24 小时内预降到位比较困难。因此,预降不到位是河网有效调蓄减少,加大涝灾风险的重要因素之一。

4. 圩区强排,圩外风险增加

本市有些低洼水利片内部不断建圩强排,圩区越来越多,圩外河道越来越少,圩区的排涝压力和风险转移到圩外河道,增加了区域整体洪涝风险。而且过度注重排涝泵站建设,致使圩区泵站排涝能力不断增大,远超过水利片外围泵站排涝能力,造成暴雨期间圩外河道水位快速上升,高水位持续时间很长,圩外区域风险增加,原来水利片内地势较高不需建圩的区域因之受涝。如果遭遇特大暴雨,容易造成圩外河道涝水倒灌,将圩区连同泵站一起淹没,增加整体的洪涝风险。

5. 坡面漫流,积水风险增加

下立交是经常出现局部淹没的特殊构筑物,但极小范围淹没不属于区域除涝所关注的典型涝灾。下立交设计一般考虑一定的集雨范围,并按照雨水排水系统要求设计,但实际运行中,由于大暴雨的径流较大,容易出现河水漫溢、地面漫流增加等情况,当集水范围和雨量超过雨水排水泵站设计能力,风险就随之增加,这需要有关部门在竖向高程设计、雨水排水泵站设计时,多考虑这种风险情况。

与下立交相似的另一种情形是高架,当高架的雨水来不及通过设计的雨水排水系统排走时,会通过坡面远距离漫流到其他区域,造成相关雨水系统超载而受淹,有关部门对这种风险也应当加强研究与防范。

8.2　上海市防洪风险分析

8.2.1　洪潮风险评估方法

《上海市水旱灾害风险普查总报告》根据《洪水风险区划及防治区划编制技术要求》《洪水风险区划及防治区划编制补充技术要求(试行)》等相关文件,

采用水力学方法(包括一维水力学模型、二维水力学模型或者一二维水动力学耦合模型),计算不同暴雨频率方案下的当量水深,采用当量水深计算各单元的综合风险度(R)值,依据 R 值划分洪水风险等级,分为低、中、高、极高四类风险级别,并形成标准网格洪水灾害综合风险度 R 值分布图。

根据《洪水风险区划技术导则》,计算单元的综合风险度(R)值,按以下公式计算:

$$R = \sum_{i=0}^{n} (p_i - p_{i+1}) \left(\frac{H_i + H_{i+1}}{2} \right)$$

式中:p_i——某一洪水淹没频率(如:10 年一遇时;p_i 取 0.1);

H_i——该计算单元对应 p_i 的当量水深(H)值,计算时,H 的单位为 dm。

由于利用上述公式计算时,计算单元的洪水淹没指标值(即当量水深)H_i 在起淹洪水频率处存在跳跃,故假定在计算时 p_0 始终为起淹洪水频率的下一级洪水频率(如:计算单元 a 的起淹洪水频率为 10 年一遇,则 $p_0 = 0.2$,即对应 5 年一遇洪水频率),且对应的 $H_0 = 0$;而 p_1、p_n 则分别为该计算单元的起淹洪水频率和最高洪水计算频率。

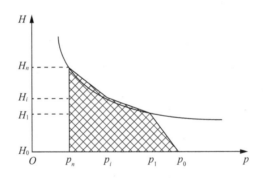

图 8.2-1 综合风险度计算示意图(阴影部分面积即为 R)

表 8.2-1 风险等级划定范围表

综合风险度 R	$R < 0.15$	$0.15 \leqslant R < 0.5$	$0.5 \leqslant R < 1$	$R \geqslant 1$
风险等级	低风险	中风险	高风险	极高风险

8.2.2 洪潮风险评估成果

经评估,上海的主海塘未达标岸段长度 106.46 km,主要分布于浦东新区、奉贤区和崇明区。根据海塘风险判定办法,主海塘低风险岸段占 85.50%,

中风险岸段占 0.52%,高风险岸段占 8.10%,极高风险岸段占 5.88%。主海塘主要存在的隐患共计 21 处,分别分布在崇明岛、宝山区和金山区。主要隐患类型包括沉降异常、存在防汛缺口、外坡破损、堤身土方流失、防浪墙破损、交叉建筑物破损以及违章搭建等。这些查实的风险隐患将很快得到解决,海塘达标工程也将在"十四五"期间全部完成。

黄浦江及其上游堤防,低风险堤防占 57.98%,中风险堤防占 30.04%,高风险堤防占 3.63%,极高风险堤防占 8.35%。为了解决最高水位创新高,堤防防御能力不足等问题,目前,已经着手建设黄浦江中上游堤防防洪能力提升工程等项目。改造后徐浦大桥—西荷泾(千步泾)堤防设防高程为 5.8~6.0 m,较现行设防高程加高 0.56~0.76 m,防洪能力得到提高,但由于黄浦江水位上升趋势仍未改变,要彻底解决千里江堤的防洪风险,还需要黄浦江水闸工程尽快实施。

苏州河(吴淞江)堤防,低风险堤防占 89.17%,中风险堤防占 1.17%,高风险堤防占 9.66%,不存在极高风险堤防。随着苏申内港线暨吴淞江整治工程实施,这些风险也会得到化解。另外,苏州河最高水位由涝水外排决定,当最高水位影响堤防安全时,可以采取雨水泵站停机等应急措施将洪灾风险转换成涝灾风险,避免产生更严重的灾害损失。

8.2.3　不同区域洪潮风险特点

1. 千里海塘洪潮风险特点

千里海塘所面临的是长江口、杭州湾风暴潮压力,沿江沿海水位高、风浪大,历史上就是上海抵御风暴潮的第一生命线,不能有任何闪失,否则后果非常严重。

长江口与杭州湾潮汐均属非正规半日潮,年最高潮位一般出现在 6 月—9 月。长江口平均潮差 2.6 m,杭州湾平均潮差 3.2 m。上海市沿海地区波浪以风浪为主,涌浪次之,年平均波高为 0.6~1.2 m。

长江口属于中等强度的潮汐河口,潮区界位于大通附近,潮流界一般位于江阴附近。长江口河道平面形态呈喇叭形,上口的徐六泾断面的河宽约 5 km,下口的启东嘴至南汇嘴展宽至 90 km。长江口在徐六泾以下分为南支和北支,南支在吴淞口以下分为南港和北港,南港在九段沙以下分为南槽和北槽,使长江口呈三级分汊、四口入海的河势格局,共有北支、北港、北槽和南槽四个入海通道。在上游径流和下游潮汐的共同作用下,长江口淡水和咸水交替出现,吴淞口以上淡水占据时间较多。由于长江口徐六泾以下展宽十几倍,长江上游洪水到长江口已成为强弩之末,最高水位的高低完全由海潮决定。

杭州湾呈喇叭形,杭州湾口宽达 100 km,澉浦为 20 km,杭州为 1 km。一般澉浦以下称杭州湾,澉浦以上称钱塘江。由于喇叭口对潮汐和增水具有聚集作用,杭州湾成为我国潮汐最强的河口湾,澉浦最大潮差 9.15 m(2018 年),潮流界可达坝口。由于钱塘江径流较小,杭州湾以咸水为主,最高水位的高低也完全由海潮决定。

长江口、杭州湾的年最高潮位大多数由天文大潮和台风暴潮增水双重作用引起,这是千里海塘面临的主要风险,而海平面上升加剧了长江口与杭州湾区域风暴潮风险,海塘前沿滩涂的冲淤变化带来的堤防稳定性风险等,都是我们必须认真研究应对的问题。

2. 千里江堤洪潮风险特点

前文已经用较长的篇幅分析了黄浦江及上游最高水位的变化趋势,显然,中上游最高水位的不断快速抬升是千里江堤面临的最大风险。黄浦江经过多次加高加固,后续不断加高加固将越来越困难,也越来越危险。黄浦江上游涉及长三角一体化核心区域,这是太湖流域最低洼的地区,是河道、湖荡最密集的区域,是江南水乡古镇文化集聚的区域,越加越高的堤防、越抬越高的水位都不是这个区域的福音,可能会带来更多意想不到的危害,因此,我们需要考虑黄浦江建闸来化解千里江堤的防洪风险。

3. 苏州河等河道洪涝风险特点

中心城区面临着比较复杂的防汛形势和灾害风险,吴淞江—苏州河的最高控制水位为 4.79 m,桃浦河—木渎港最高水位与蕰南片的四条干河排水区河道,以及杨树浦港—虹江排水区河道一样,为 4.44 m,但是几次台风暴雨中,为了避免防汛墙出现风险,在没有达到最高控制水位就限制雨水泵站排入,造成街坊积水或受淹。因此,苏州河等河道防汛墙的防洪风险可以转化成危害程度相对小一点的涝灾风险。反过来,要解决雨水泵站停机问题,首先要提高堤防工程的防御能力。

8.3 上海市除涝风险分析

8.3.1 水利片风险评估的方法

一般风险评估需要先研究指标体系,确定指标及权重,给指标打分,最后综合评价。但区域除涝很复杂,影响因素多、评估难度大:同样的水面率,排水条件好的区域不受涝,排水条件差的易受涝;同样的排涝模数,直接外排大江大河的区域不受涝,外排中小河道的可能易受涝;同样的下垫面条件,沿海区域不受涝,西部低洼地区或大片腹部地区易受涝。因此,我们需要采用数学模型模拟计算的方法,根据现状水利设施条件下,不同重现期降雨的水位计算结果,对照各区域规划面平均控制水位,判断与其最接近的两个计算水位的降雨重现期,并结合平均地面高程综合评估确定区域的现状除涝能力水平。

1. 河网模型计算原理

平原河网地区的除涝计算是在设计降雨标准条件下,根据"蓄满产流"和"超渗产流"原理,按照各下垫面的组成及不同产流规律,分别进行产流、汇流计算,以此作为河网水文水动力模型的区域排水入河条件,采用典型年同步潮位变化过程作为边界条件,基于现状河网与泵闸布局、规模、工况、预降及调控运行方式,按照水量平衡原理,计算水位、流量、流速的变化,量化分析评估现状工况条件下的除涝能力。

(1) 基本方程

水量基本方程采用一维非恒定流的圣维南方程组:

$$\frac{\partial Q}{\partial x} + B_t \frac{\partial Z}{\partial t} = q$$

$$\frac{\partial Q}{\partial t} + 2u \frac{\partial Q}{\partial x} + (gA - Bu^2) \frac{\partial Z}{\partial x} - u^2 \frac{\partial A}{\partial x}\Big|_z + g \frac{n^2 |Q| Q}{AR^{1.333}} = 0$$

式中:x、t——沿程坐标和时间坐标;

　　Q——过水断面流量;

　　Z——断面水位;

　　A——过水断面积;

　　B——过水断面河宽;

　　B_t——断面过水总宽度 $B_t = B + B_w$;

　　B_w——河道两侧概化调蓄水面宽度;

　　R——水力半径;

　　q——单位河长的旁侧入流量;

　　u——过水断面平均流速;

　　n——糙率系数;

　　g——重力加速度。

（2）求解方法

对水量基本方程,采用 Preissmann 四点隐式差分格式进行数值离散,即得如下离散方程:

$$-Q_i + C_i Z_i + Q_{i+1} + C_i Z_{i+1} = D$$

$$E_i Q_i - F_i Z_i + G_i Q_{i+1} + F_i Z_{i+1} = \psi_i$$

式中:

$$C_i = \frac{\Delta x_i}{2\Delta t}(B_t)_{i+1/2}^j$$

$$D_i = q\Delta x_i + C_i (Z_i^j + Z_{i+1}^j)$$

$$E_i = \frac{\Delta x_i}{2\Delta t} - 2u_{i+1/2}^j + \frac{g}{2}n_i^2\Delta x_i \left(\frac{|u|}{R^{1.333}}\right)_i^j$$

$$G_i = \frac{\Delta x_i}{2\Delta t} + 2u_{i+1/2}^j + \frac{g}{2}n_i^2\Delta x_i \left(\frac{|u|}{R^{1.333}}\right)_{i+1}^j$$

$$F_i = (gA - Bu^2)_{i+1/2}^j$$

$$\psi_i = \frac{\Delta x_i}{2\Delta t}(Q_i^j + Q_{i+1}^j) + \Delta x_i (u^2\frac{\partial A}{\partial x}\big|_z)_{i+1/2}^j$$

式中:凡下脚标为 $i+1/2$ 者均表示取 i 及 $i+1$ 断面处函数值的平均。由于这六个系数均可根据时段初已知值及选定的时间步长和距离步长计算得到,故离散方程对每一计算时间步长而言为线性方程组。

2. 计算控制条件

（1）降雨扣损标准

各类用地面积的组成是计算区域降雨径流量的基础,也是除涝计算的前提。在河网水力模型求解中,采用"扣损法"计算净雨深及产水过程,各类面积的扣损指标根据径流试验站资料,参照上海地区防洪除涝规划中一直沿用的扣损标准。

表 8.3-1　城市化地区不同用地扣损标准

下垫面组成	初渗(mm/次)	稳渗(mm/d)	蒸发(mm/d)
透水地面	20	4	6
不透水地面	0	0	6
河湖水面	0	0	4

表 8.3-2　非城市化地区不同用地扣损标准

下垫面组成	初损（mm/次）	稳渗（mm/d）	蒸发（mm/d）	拦截（mm/次）
水田	0	4	4	60
旱地或绿地	20	4	6	0
河湖水面	0	0	4	0
鱼塘	0	0	4	250
不透水地面	0	0	6	0

（2）河网边界水文条件

为有利于现状与规划对比，本次模拟计算的河网边界水位，选取规划"63·9"暴雨雨型相应的同步实测潮位过程。

（3）泵闸控制方式

从预警到雨后恢复常水位，均采取能排则排的原则。当内河水位高于外河潮位时，开闸自排；不能开闸自排时，开泵抽排，并控制前池水深不低于 1 m。

（4）初始水位与预降水位

一般水利片、圩区内河道的常水位与预降水位，根据各水利片、圩区实际情况确定。在台风暴雨期间，有充足的预警时间来实施预降，一般预降时间可取 24～48 小时。

表 8.3-3　"烟花"台风暴雨前各水利片预降水位实况

序号	水利片	站点	最低水位（m）
1	嘉宝北片	嘉定南门	2.31
2		罗店	2.10
3	蕴南片	志丹泵站	1.86
4		江湾	2.20
5		抚顺路桥	1.58
6	淀北片	虹桥新桥	2.18
7		新泾闸（内）	2.00
8		三江路桥	2.19
9	淀南片	北桥	2.24
10	青松片	青浦南门	2.25
11		陈坊桥	2.29

序号	水利片	站点	最低水位(m)
12	浦东片	书院	2.23
13		祝桥	2.35
14		赵桥	2.19
15		杜行	2.28
16		奉贤南桥	2.26
17		奉城	2.29
18	浦南东片	张堰	2.39
19	太北片	莲盛	2.44
20	太南片	朱枫闸(内)	2.26
21	崇明岛片	崇明新城	1.81
22	长兴岛片	长兴跃进港	1.31
23	横沙岛片	横沙新民	1.40

2021年"烟花"台风影响上海的时间较长,各水利片全力预降,48小时预降程度也是历年防汛中最为充分的一次,其预降时间和水位可作为实际预降的参照值,并作为模型计算中预降时间和预降水位的控制条件。对实际预降水位低于规划预降水位的情况,按规划预降水位计算。

表 8.3-4　本次计算的规划预降水位与实际预降水位

水利片	规划预降水位(m)	实际预降水位(m)	水利片	规划预降水位(m)	实际预降水位(m)
嘉宝北片	2.00	2.21	浦南东片	2.00	2.39
蕴南片	2.00	2.00,2.20	太北片	2.50	2.50
淀北片	2.00	2.12	太南片	2.00	2.26
淀南片	2.00	2.24	崇明岛片	2.1	2.1
青松片	1.80	2.27	长兴岛片	1.7	1.7
浦东片	2.00	2.27	横沙岛片	1.7	1.7

3. 模型率定验证

模型的率定和验证是建立模型、应用模型的技术关键,模型能否应用,取决于能否正确识别河网水文水动力模型的糙率系数。

在以往模型率定验证的基础上,利用黄浦江水系2004年7月—9月、2006

年 3 月—4 月、2006 年 10 月—12 月、2021 年"烟花"台风期间水文同步监测资料,对黄浦江水系进行再次率定验证,并重点对各水利片内的水动力进行率定验证。利用崇明岛水系 2008 年 5 月 18 日—5 月 20 日、10 月 12 日—10 月 15 日两次调水试验期间的水文同步监测资料,进行重演模拟计算。

表 8.3-5 一维河网水文水动力模型率定与验证时段及数据量

时段	监测历时(天)	水文数据(个数)
2004 年 7 月 1 日—9 月 30 日	92	13 806
2006 年 3 月 22 日—4 月 8 日	18	28 118
2006 年 10 月 1 日—12 月 31 日	92	24 621
2008 年 5 月 18 日—5 月 20 日	3	4 950
2008 年 10 月 12 日—10 月 15 日	4	5 276
2021 年 7 月 22 日—7 月 29 日("烟花")	8	12 402
合计	218	89 173

受篇幅所限,此处仅列出"烟花"台风期间部分站点的率定验证成果。水动力模型率定与验证结果表明:当水动力模型的糙率系数取下列值时,即黄浦江的糙率系数为 0.018～0.025,蕴藻浜的糙率系数为 0.022～0.035,苏州河的糙率系数为 0.018～0.036,河网的其他河道糙率系数采用 0.020～0.030,各代表断面的水位或流量的计算值与实测值吻合较好。其中黄浦江及其主要支流水位的计算值与实测值的平均误差小于 1%～5%,流量的计算值和实测值相比,除个别点据有一定偏差外,绝大多数点据吻合较好,平均误差小于 10%;水利片内日平均水位变化过程的平均误差小于 5%,水动力模型率定验证取得了令人满意的结果。

4. 模拟计算方案

本市治涝标准:主城区等重要地区按 30 年一遇,其他地区按 20 年一遇,采用最大 24 小时面雨量作为规划和设计依据。为了全面科学评估区域除涝能力,需要将规划标准以下的暴雨分档量化,以便计算分析各区域在遭受不同设计标准面雨量条件下的最高水位情况及不出险的最大暴雨承受能力。

根据年最大 24 小时面雨量频率分析,各片最大 24 小时面雨量多年平均值大于 3 年一遇面雨量。各区气象站年最大 24 小时点雨量比面雨量大 10%～20%,均值约 105 mm,也基本相当于 3 年一遇的点雨量。显然,3 年一遇降雨标准只相当于多年平均水平,重现期标准较低,因此,本次除涝能力评估选择 5 年一遇为最低标准,超过年最大 24 小时面雨量的多年平均水平,也超过年最大 24 小时点雨量的平均水平,比较合理。

本次评估以除涝规划中确定的最高控制水位为安全水位,采用 30 年一遇、20 年一遇、15 年一遇(由 20 年一遇和 10 年一遇雨量内插)、10 年一遇、5 年一遇的暴雨标准进行区域除涝能力计算,对照规划最高控制水位与计算水位情况,就可以判断除涝能力所处的暴雨重现期区间情况。

表 8.3-6　上海市《治涝标准》中年最大 24 小时面雨量　　　　单位:mm

序号	水利片	100 年一遇	50 年一遇	30 年一遇	20 年一遇	10 年一遇	5 年一遇
1	嘉宝北	282.7	248.5	222.5	203.1	168.5	133.2
2	蕰南	286.7	253.1	224.5	207.1	171.9	136.1
3	淀北	282.6	249.3	223.2	204.8	170.7	135.9
4	淀南	273.6	241.6	218.3	198.9	166.1	132.6
5	青松	267.9	235.7	213.1	192.9	160.1	126.8
6	浦东(北)	281.8	248.8	223.2	204.8	171	136.6
	浦东(南)	279.1	245.7	222.5	201.1	167.1	132.1
7	浦南东	271.4	237.7	218.1	192.9	158.8	124.5
8	浦南西	268.5	235.1	213.5	190.5	157.1	123.1
9	太南	252.5	221.6	200.3	180.6	149.3	117.6
10	太北	252.5	221.6	200.3	180.6	149.3	117.6
11	商榻	252.5	221.6	200.3	180.6	149.3	117.6
12	崇明岛	270.9	239.2	217.1	196.9	164.4	131.3
13	长兴岛	273.6	241.6	219.3	198.9	166.1	132.6
14	横沙岛	273.6	241.6	219.3	198.9	166.1	132.6

本次计算共收集全市现状圩区 303 个。青浦区的金城圩、曹安路南圩是与昆山市部分区域共同组建的圩区,由昆山市管理;太阳岛圩位于东泖河、西泖河之间,以生态旅游为主,绿化率高,河湖水面率高达 20% 以上,调蓄能力强,且周边均为片外河道,自排条件好,除涝以河网调蓄为主,辅以趁潮闸排,由新加坡国际元立集团投资管理,以上 3 个青浦区现状圩区不作评估。崇明区共收集现状圩区 31 个,经初步分析,其中 17 个主要用于田间排水、取水,边

界明显不合理或不闭合,因此,我们仅对 283 个圩区现状能力进行评估。

表 8.3-7　未作评估的圩区基本情况表

序号	圩区名称	所在镇	圩区面积(km²)	基本情况
1	洪生圩	城桥镇	2.38	西边界似不闭合
2	和平村菜园圩	庙镇	1.78	地势高,西侧边线不明显,似不闭合
3	渔业村圩	向化镇	0.06	仅有一段河道,与外河不通
4	协隆北圩	陈家镇	0.99	无河网,仅小水面与外相通,似不闭合
5	瀛东三号	陈家镇	0.84	北侧与外河相通,仅一些养殖水面,不闭合
6	瀛东四号	陈家镇	0.6	南侧与外河相通,仅一些养殖水面,不闭合
7	示范场圩	中兴镇	1.4	边界有问题,似不闭合
8	瑞丰沙圩	长兴镇	0.74	无河网,西侧湖泊与界外相连,不闭合
9	发字圩	长兴镇	0.67	河道与外直接相通,不闭合
10	十年圩	长兴镇	1.39	河道与外直通,不闭合
11	外贸圩	长兴镇	0.24	无河网,边界问题较明显
12	新镇圩	长兴镇	1.98	无河网,边界问题较明显
13	大兴圩	长兴镇	0.25	无河网,大部分是农田、大棚
14	永丰圩	长兴镇	3.14	边界在居民区中间,不合理,似不闭合
15	三村圩	长兴镇	—	无河网,南侧河道似直通外河,不闭合
16	反修圩	横沙乡镇	1.38	河网不连,边界问题较明显,似不闭合
17	民永圩小圩	横沙乡镇	0.48	边界问题较明显,似不闭合
18	金城圩	花桥镇	—	江苏昆山管理
19	曹安路南圩	花桥镇	—	江苏昆山管理
20	太阳岛圩	朱家角镇	—	新加坡国际元立集团投资管理

8.3.2　水利片除涝能力与风险特点

1. 嘉宝北片

（1）模拟计算结果

嘉宝北片东排长江口有 5 个口门水闸规模都比较大,水闸总净宽 104 m,闸排长江口条件最好;南排蕴藻浜闸下段有 5 个口门,水闸总净宽 70 m,由于落潮时蕰藻浜闸下段的水位较低,因此,闸排蕰藻浜条件也较好。嘉宝北片南排苏州河有 16 个口门,水闸总净宽 127 m,但由于受苏州河高水位限制,闸排苏州河较困难,而南顾浦泵闸有 30 m³/s 的能力可供片外高水位时强排;东排桃浦河有 5 个口门,水闸总净宽 39 m。暴雨期间桃浦河水位比较高,闸排困难,但雨水泵站直排桃浦河,减轻了片内河道的压力。北排浏河主要有 8 个口门,水闸总净宽 54 m,由于江苏的运行调度影响,浏河常水位较高,闸排浏河受到较大影响。嘉宝北片西排则没有出路,近几年由于省市界河——徐公河的水位日益高涨,嘉定区被迫沿界河筑堤、建控,防止河水倒灌。

经计算,20 年一遇暴雨,嘉宝北片净雨量 10 845.5 万 m³,河网调蓄量占 59.6%,水闸外排量占 37.3%,泵站外排量占 3.1%。河网的调蓄发挥了最主要作用,其次是沿长江口、蕰东闸下段的水闸外排。

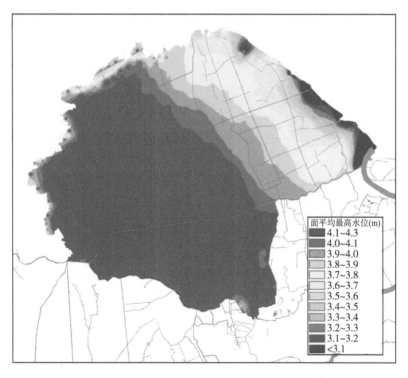

面平均最高水位(m)
- 4.1~4.3
- 4.0~4.1
- 3.9~4.0
- 3.8~3.9
- 3.7~3.8
- 3.6~3.7
- 3.5~3.6
- 3.4~3.5
- 3.3~3.4
- 3.2~3.3
- 3.1~3.2
- <3.1

图 8.3-1　嘉宝北片 20 年一遇实际预降时面平均最高水位分布图

(2) 区域除涝能力综合评估

嘉宝北片的规划控制最高水位为 3.80 m,目前水位预降到 2.0 m 仍有困难,从实际预降条件的面平均最高水位分析,除涝能力为 10~15 年一遇。嘉宝北片低洼地共设 15 个圩区,其中宝山区 2 个,嘉定区 13 个,圩区面积 80.0 km²,圩区总面积占嘉宝北片面积的 10.9%。大部分圩区的除涝能力达到 20 年一遇,总体除涝能力较强。综合水利片与圩区计算,嘉宝北片的除涝能力为 10～15 年一遇。

(3) 薄弱区域和环节

从面平均最高水位分布情况看,嘉宝北片高水位主要集中在西部远离长江口的嘉定区,嘉定区的蕰藻浜以南区域除涝风险又比蕰藻浜以北区域大。嘉宝北片除涝薄弱区域主要分布在西部地势较低排水困难的外冈、望新区域,以及蕰藻浜以南的南翔、江桥、黄渡、真新区域和普陀区桃浦河以西区域。

吴淞江工程的新川沙拓宽和新川沙泵闸实施,以及墅沟增加 150 m³/s 泵站计划,将提高嘉宝北片西部区域的除涝能力。但是罗蕰河、东祁迁河工程尚未实施,娄塘、蒲华塘、盐铁塘等骨干河道规模没有达到规划要求,可能会限制新川沙枢纽工程、墅沟枢纽工程功能的充分发挥,因此,要加快嘉宝北片西部、中部骨干河道建设。

嘉定区的蕰藻浜以南区域水系紊乱,水流条件较差。经统计,这个地区的河网穿越沪宁铁路线的河道沟通不畅,水流受阻,有 7 处瓶颈段(不包括外围的盐铁塘铁路桥涵和新槎浦桥孔),孔径最大的封浜铁路桥涵跨径仅 8 m,孔径最小的浅江箱涵仅 0.7 m;真新街道河道规模小,断头浜多。要提高这些区域的除涝能力,就要理顺水系、拓宽河道瓶颈段,消除铁路、公路束窄对排水的影响。

由于船舶普遍大型化,蕰藻浜内超标准、超负荷通航比较严重,若按规划预降水位 2.0 m(通航最低水位也是 2.0 m)来预降,容易引起船舶搁浅事件。为了顾及超标准通航,河网水位预降常常不到位,增加了受涝的风险,因此,应加快航道的整治,降低河底高程,尽早解除风险隐患。

2. 蕰南片

(1) 模拟计算结果

蕰南片以南北向河道为主,东西向联系河道较少,河网分为三个区:四条干河排水区、杨树浦港—虬江排水区、新江湾城排水区。四条干河排水区与杨树浦港—虬江排水区水面率极低,除涝最高水位被迫超过地面高程,达 4.44 m;新江湾城排水区除涝最高控制水位为 3.5 m,低于地面高程。

新江湾城汇水范围 6.25 km²,建设中十分重视水系建设,水面率、河道密度都较高,目前主要依靠钱家浜 8 m 水闸外排黄浦江,排水条件和能力也优于蕰南片其他区域。

杨树浦港—虬江排水区汇水范围 24.18 km^2,有 2 个口门排入黄浦江,水闸总净宽 30 m,排水条件也较好,还有 60 m^3/s 的排涝泵站可以在高潮顶托时强排。

四条干河排水区北排蕰藻浜闸下段有 4 个口门,水闸总净宽 38 m,由于蕰藻浜闸下段落潮时水位较低,闸排条件较好,还有 100 m^3/s 的排涝泵站可以在高潮顶托时强排;南排黄浦江的虹口港,水闸净宽 10 m,闸排条件较好,还有 30 m^3/s 泵站可以强排;南排苏州河有 3 个口门,水闸总净宽 26 m,闸排苏州河比较困难,但还有 17 m^3/s 的排涝泵站可强排;西排桃浦河只有东走马塘 6 m 水闸,闸排桃浦河比较困难;桃浦河两端分别有 40 m^3/s 和 15 m^3/s 的排涝泵站排入蕰藻浜闸下段和苏州河。

经计算,20 年一遇暴雨,蕰南片净雨量 2 304.1 万 m^3/s,河网调蓄量占 24.0%,水闸外排量占 53.2%,泵站外排量占 22.8%。虽然蕰南片的水面率很低,河道调蓄只占 24%,但排入黄浦江和蕰藻浜闸下段的条件都较好,闸排量占总量的一半以上,在控制河道高水位方面,排涝泵站也发挥了重要作用。

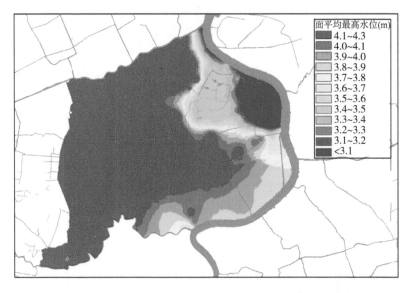

图 8.3-2　蕰南片 20 年一遇实际预降时面平均最高水位分布图

(2) 区域除涝能力综合评估

蕰南片四条干河排水区和杨树浦港—虬江排水区的规划控制最高水位为 4.44 m,而新江湾城排水区的规划控制最高水位为 3.5 m,从面平均最高水位分析,蕴南片三个分片的除涝能力都已经超过了 20 年一遇,因此,综合评估蕴南片的除涝能力≥20 年一遇。

(3) 薄弱区域和环节

蕴南片除涝薄弱区域为四条干河排水区沿苏州河、桃浦河、彭越浦、虹口港、俞泾浦、沙泾港等地势较低的区域,以及走马塘—江湾市河以北区域。

由于中心城区河道少、规模小、水面率低,雨水通过排水系统强排入河,管网汇流时间短、河道水位上升快,为防止河水倒灌形成洪灾,沿河市政雨水泵站常常被迫停机,街道就容易积水成涝。2005 年遭遇"麦莎"台风暴雨袭击时,内河水位快速上涨,杨树浦港闸内水位达 4.25 m,虬江闸内水位达 4.39 m,排向杨树浦港水系的所有市政泵站被迫停机近 5 小时,导致杨浦区多条马路积水,26 个居住区近 5 000 户居民和多个单位不同程度进水,水深 0.1~0.5 m;苏州河、桃浦河(普陀区段水位达 4.59 m)、彭越浦、虹口港、俞泾浦、沙泾港沿线市政泵站也被迫停机,闸北区 38 条马路积水、7 277 户居民家中进水,虹口区 24 条马路积水、9 919 户居民家进水;彭越浦水位超过防汛墙压顶,冲垮了平江路桥以北 30 m 防汛墙,险象环生。"海葵"台风期间亦是如此,苏州河、桃浦河、彭越浦、虹口港等河道沿线雨水泵站被迫停机,街道积水成涝。这种事例还有很多,要解决雨水泵站停机问题,河道最高运行水位须从 4.2 m 提高到规划的 4.44 m,这是降低区域涝灾风险的关键措施之一。

走马塘以南的桃浦河存在多处瓶颈,特别是武宁路以北至铜川路段河口宽仅 11 m,以及一些公路和铁路桥的箱涵段。这些瓶颈限制了河道的过水和排水能力,增加了受涝风险,需要根据河道蓝线拓宽河道瓶颈。

小吉浦尚未恢复与走马塘的连接,仍处于断头状态,不利于周边区域的排水,需要推动骨干河道断点打通工程。

3. 淀北片

(1) 模拟计算结果

淀北片东排黄浦江有龙华港、张家塘港,水闸总净宽 20 m,排水条件较好,还有 75 m³/s 的排涝泵站强排。南排淀浦河闸下段有 5 个口门,水闸总净宽 35 m,排水条件较好,还有 40 m³/s 南新泾泵站即将完工;南排淀浦河还有小涞港和杨树浦两个口门,由于处于淀浦河闸内,事实上是排入青松片内,增加了青松片的除涝压力;北潮港两端也有水闸通黄浦江和淀浦河闸下段,排水条件较好,但北潮港与淀北片其他河道没有联系,因此,服务范围比较小;北排苏州河有 12 个口门,水闸总净宽 84 m,由于受苏州河高水位限制,水闸北排较困难,但还有 136 m³/s 的排涝泵站可以强排。

经计算,20 年一遇暴雨,淀北片净雨量 2 280 万 m³,河网调蓄量占 33.9%,水闸外排量占 30.7%,泵站外排量占 35.4%。淀北片水面率较低、闸排苏州河又受到很大制约,相对其他水利片而言,泵排的功能更加突出,甚至高于蕰南片中泵排的作用。

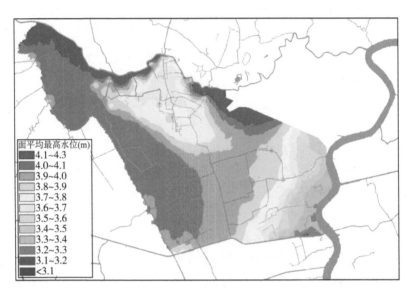

图 8.3-3　淀北片 20 年一遇实际预降时面平均最高水位分布图

（2）区域除涝能力综合评估

淀北片的规划控制最高水位为 3.80 m,从实际预降的面平均最高水位分析,除涝能力超过 15 年一遇,最高水位超过 3.80 m 的区域主要集中在西部和北部。综合评估淀北片的除涝能力达到 15～20 年一遇。

（3）薄弱区域和环节

淀北片除涝最薄弱的区域是淀北片的西部区域,以及沿苏州河、新泾港区域。新泾港也有类似虹口港、苏州河的受涝情况,暴雨期间,沿河市政雨水泵站由于河道水位过高而被迫停机,造成街道积水成涝。"麦莎"台风期间如此,"海葵"台风期间亦是如此。

龙华港为淀北片仅有的两条东排河道之一,但仍存在不少瓶颈段,河道过水能力受到限制,影响龙华港排涝泵站强排能力的发挥。

位于淀北片的虹桥机场及虹桥商务区,是十分重要的暴雨敏感区域,除规划确定的 24 小时典型暴雨以外,还要注意其他历时暴雨带来的影响。1999 年梅雨季节,华漕等地内河水位平均达到了 4 m 左右,北横泾河水漫堤,虹桥机场告急、上海动物园受淹。2008 年 8 月 25 日局部暴雨,1 小时雨量达 119.6 mm,造成虹桥机场航班延误、道路瘫痪、居民家中进水等危害。

4. 淀南片

(1) 模拟计算结果

淀南片北排淀浦河闸下段有 4 个口门,水闸总净宽 30 m;闸上段有 1 个口门(北竹港北端的小漆港水闸),水闸净宽 6 m,事实上这个水闸也排入青松片内,增加了青松片的除涝压力。东排黄浦江有 10 个口门,水闸总净宽 59 m,蒋家浜已建 20 m³/s 的排涝泵站;南排黄浦江主要有 6 个口门,水闸总净宽 58 m,樱桃河已建 8 m³/s 的排涝泵站。淀南片北排、东排、南排这三个方向的排水条件都较好。

经计算,20 年一遇暴雨,淀南片净雨量 2 779.6 万 m³,河网调蓄量占 23.1%,水闸外排量占 69.3%,泵站外排量占 7.6%。淀南片排水条件好的优势在计算结果中得到充分体现,而水面率偏低影响了调蓄能力的发挥。

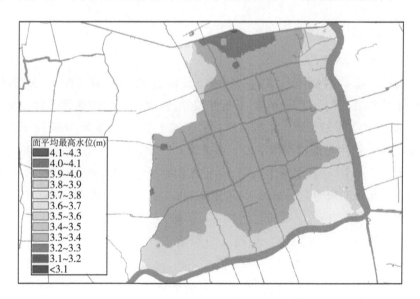

图 8.3-4 淀南片 20 年一遇实际预降时面平均最高水位分布图

(2) 区域除涝能力综合评估

淀南片的规划控制最高水位为 3.6 m,从实际预降的面平均最高水位分析,除涝能力不到 10 年一遇。淀南片的低洼地集中在冈身以西,全部位于闵行区,共建圩区 4 个,圩区面积 36 km²,占淀南片总面积 20.5%。4 个圩区中,除涝能力≥5 年一遇的面积占 50.3%,平均约 5~10 年一遇。

淀南片如果按面平均水位不高于 3.6 m 为标准来评估,似乎现状风险较高,但这与事实不符。从地形高程分析,淀南片平均高程比嘉宝北片还要高,当河网水位达到 3.8 m,除冈身以西的低洼圩区外,一般区域不会受淹,说明淀南片可以承受高于 3.6 m 的水位。因此,综合水利片计算、圩区计算和 20 年一遇最高水位与地面高程差值,评估淀南片的除涝能力可提高一个等级,为 10~15 年一遇。

（3）薄弱区域和环节

淀南片除涝薄弱区域主要分布在行南村老宅基地区域;吴泾、颛桥城中村区域;马桥昆阳路等区域。

淀南片城市化程度很高,城市化区域内强排系统未建设完成,汛期降雨只能靠自流排入河道,这是一些区域容易暴雨积水的主要原因。另外,女儿泾、俞塘、六磊塘、春申塘等骨干河道及外围水闸泵站尚未达到规划规模,因此,需要优先建设骨干河道及泵闸工程,加快市政雨水系统建设,提高区域整体除涝能力。

5. 青松片

（1）模拟计算结果

青松片南排拦路港—泖河—斜塘—黄浦江的口门有 14 个,水闸净宽 166 m,松江区口门处于下游,闸排条件较好,青浦区口门的闸排条件要差些。已建 155 m³/s 排涝泵站。东排只有淀东泵闸 1 个口门,水闸净宽 24 m,泵站流量 90 m³/s,由于淀浦河闸下段直通黄浦江,落潮时水位低,闸排条件好。西排淀山湖有 1 个口门,水闸净宽 16 m,但淀山湖处于上游,低水位较高,闸排条件较差。北排苏州河有 9 个口门,水闸净宽 80 m,由于受苏州河高水位限制,闸排困难,但有 60 m³/s 的排涝泵站可以强排。

经计算,20 年一遇暴雨,青松片净雨量 12 038.6 万 m³,河网调蓄量占 44.6%,水闸外排量占 43.4%,泵站外排量占 12.0%。青松片的地理位置、地形地貌和外围水情限制了闸排能力,对泵排的依赖较重。

（2）区域除涝能力综合评估

青松片的规划控制最高水位为 3.5 m,是指片内圩外河道的面平均最高水位控制在 3.5 m 以下,从实际预降的面平均最高水位分析,除涝能力为 5~10 年一遇。

青松片共有圩区 160 个,青浦区 95 个,松江区 64 个,嘉定区 1 个,圩区面积 627.8 km²,占青松片总面积的 75.7%。青松片除涝能力 15 年一遇以上圩区面积占 65.5%,圩区平均除涝能力达到 15~20 年一遇。

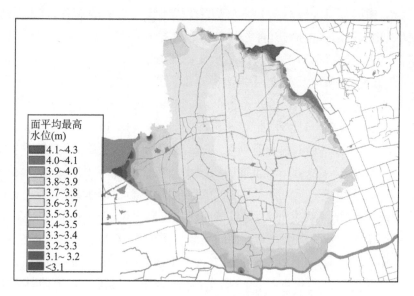

图 8.3-5　青松片 20 年一遇实际预降时面平均最高水位分布图

虽然青松片局部安全与整体安全相冲突，但圩区的除涝能力较强，因此，综合评估青松片区域除涝能力为 10～15 年一遇。

（3）薄弱区域和环节

青松片圩区数量众多，占水利片面积的 70％以上，总体上圩区的除涝能力高于水利片整体除涝能力，因此，青松片的除涝薄弱区域在一些地形比较高、原本不需要建圩的区域。

青松片规划常水位 2.5～2.8 m，由于引水调度力度较大，常水位基本在 2.7～2.8 m，按规划预降到 1.8 m，一直是个难题。2012 年"海葵"台风期间，曾大力预降，只到 2.65 m。2021 年"烟花"台风移动缓慢，预降时间充分，在暴雨前预降到 2.27 m，这是青松片完成控制以来，预降的最好记录，但与规划预降水位比还有很大差距。预降困难的原因有三个：一是青松片地势低洼，内部的常水位却偏高，现在的常水位比过去 2.5 m 常水位高出 0.3 m；二是台风暴雨及梅雨期间青松片外围最低水位越来越高，对青松片形成顶托，河网无法自排预降；三是青松片面积很大，很难在 24～48 小时内大幅度降低河网水位。据测算，青松片从常水位 2.8 m 预降到 1.8 m，容量约 4 231 万 m³，即使现状 305 m³/s 泵站 24 小时全力预降，用电约 44 万 kW·h，也只能排除 2 635 万 m³，降 0.62 m。但是，如果常水位恢复到 2.5 m，泵排 24 小时，可以预降到 1.88 m，基本接近规划预降水位。

自太浦河开通等流域工程实施以来,黄浦江潮流上溯加大,江浙来水增加,流域排水通道水位抬升,青松片等水利片排水困难,增加了涝灾风险。根据青浦区水文勘测队对泖甸水位站水文特征分析,该站 1980—2011 年 32 年间,年最低水位、平均低水位、平均潮差等水文特征值均呈阶梯状逐阶变化,大致可分为 1980—1992 年、1993—2002 年、2003—2011 年三个阶段,多年平均年最低水位从 1.38 m 上升到 1.78 m,再上升到 1.95 m;多年平均低水位从 1.94 m 上升到 2.25 m,再上升到 2.37 m,呈逐阶段抬高趋势;多年平均潮差为 0.80 m、0.51 m、0.33 m,呈逐阶段减小趋势。1992 年太浦河、红旗塘开通以来,太湖流域骨干工程、治太"2+1"工程全面实施,洪涝水归槽,泄洪通道承担洪水量增多,泄洪强度增大,导致黄浦江上游高水位、低水位同步抬高,削弱了上海西部水利片内涝水在落潮期间乘潮自排的能力,增加了区域除涝压力,因洪致涝问题日益突出,这对青松片及西部低洼地的除涝极为不利。

青松片为圩区与水利片两级排水,圩区因泵站强排而将风险转移到圩外区域,泵排能力大幅度增加,加大了涝灾风险的复杂性。暴雨期间,圩区主要靠圩内河道调蓄和泵站排水,并由圩外河道承担圩区排水;水利片主要靠圩外河道调蓄和外围泵闸排水,当外围高水位顶托时,外排主要靠外围泵站。青松片面积很大,由于圩区几乎遍布整个水利片,圩外河道水面率很低,仅 3.45%,加上圩区泵站能力远超外围泵站能力,圩外河道水位往往上升非常快,圩区排涝与水利片排涝的矛盾日益加剧。2021 年"烟花"台风期间,青浦南站最高水位达 3.78 m,平历史最高记录,朱家角古镇被淹;片内圩区的水位却很低,7 月 27 日 9 时,青浦南门水位退到 3.75 m,镇南圩还保持2.15 m 的水位(此前保持 2.04 m),160 个圩区均未产生涝灾风险。"烟花"期间,青松片的降雨量并不大,朱家角受淹说明圩区总泵站流量增加,对水利片的水位影响较大。

但在特大暴雨情况下,即使牺牲圩外区域也不能保全圩区的安全。例如,2013 年"菲特"台风期间,松江的暴雨量较大,结果圩外河道无法承受圩区排出的涝水,又回灌到圩区,将圩区淹没,造成严重涝灾。因此,圩区与水利片的建设和运行,必须相互协调。

建议地面高程在规划控制最高水位以上的区域,可以逐步拆除圩区;受淹时损失不大的农业圩区,可以降低标准;特别容易受涝的极低洼区域,可以还原其湿地、茭白地、藕田状态。另外,还要加快外围泵站建设和圩内河道建设,提高圩区河道水面率,限制圩区无节制强排,降低整个水利片的除涝风险。当然,也可以通过抬高室外地坪高程等多种手段来保障个别重要区域的除涝安全。

6. 浦东片

（1）模拟计算结果

浦东片周边为黄浦江、长江口、杭州湾大水体。排黄浦江有 33 个口门,水闸总净宽 359 m,闸排条件不如从前,但高潮顶托时还有 113 m³/s 的排涝泵站强排;排长江口有 7 个口门,水闸总净宽 182 m,闸排条件很好,还有 50 m³/s 的排涝泵站;浦东国际机场水系独立,江镇河泵闸、薛家泓泵闸的总净宽 34 m、70 m³/s 排涝泵站直排长江口,专门为机场服务;排杭州湾有 6 个口门,水闸总净宽 162 m,闸排条件很好。

经计算,20 年一遇暴雨,浦东片净雨量 35 035.1 万 m³,河网调蓄量占 63.2%,水闸外排量占 35.9%,泵站外排量占 0.9%。浦东片的水面率较高,河网很好发挥了调蓄作用,闸排能力也很强,对泵排的依赖较小。

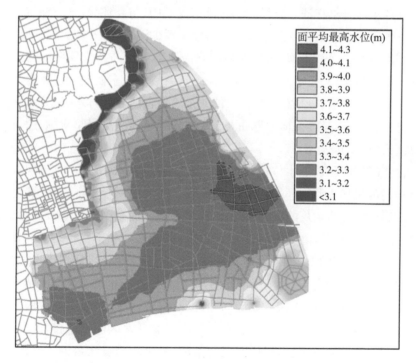

图 8.3-6　浦东片 20 年一遇实际预降时面平均最高水位分布图

（2）区域除涝能力综合评估

浦东片的规划控制最高水位为 3.75 m,从实际预降条件的面平均最高水位分析,除涝能力超过 15 年一遇。

浦东片共有圩区 9 个,全部位于奉贤区庄行镇,圩区面积 37.5 km²,占浦东片面积的 1.7%。浦东片中除涝能力 15 年一遇以上圩区面积 25.2 km²,占圩区总面积 67.5%,圩区平均除涝能力 15~20 年一遇。因此,综合评估浦东片的除涝能力为 15~20 年一遇。

（3）薄弱区域和环节

浦东片除涝薄弱区域主要分布在远离排水口门的周浦、康桥、祝桥等腹部区域;地势低的庄行、大团等区域;以及水系不发达、缺少外排口门的老港和农场等区域。

浦东片沿江沿海区域排水条件很好,要解决腹部区域的涝灾问题,一是要加快外环运河、外环南河、北横河、张家浜、渤马河、泰青港等规划骨干河道的实施,提高腹部区域的输水能力;二是要打通出海口门河道、实施外围泵闸工程,充分发挥沿江沿海的排涝优势。

外环运河是早在浦东开发之初在城市规划中,与外环线、外环绿带同步确定的骨干河道。浦东新区开发过程中填埋了不少河道,但外环运河、外环南河等规划河道至今尚未实施,腹部区域的除涝风险日益凸显。外环运河既是腹部地区串通赵家沟、张家浜、川杨河、北横河、大治河等东西向通江达海河道的纵向联系骨干河道,也是直排长江口的北排通道,其输水、排水、调节作用和地位十分重要,特别是连接横沔港和立新港的外环运河应当尽早实施,这有利于提高腹部地区的除涝能力。

由于浦东国际机场水位控制和排水要求特别高,水系独立,江镇河和薛家泓港口门为机场专用,浦东新区自川杨河三闸港水闸至大治河东闸之间约 30 km 岸线没有浦东片的出海口门,而商飞基地在浦东国际机场以南,水系不发达,排水条件较差,除涝风险较大。北横河是浦东片中部横贯东西的骨干河道,向西接浦江镇的姚家浜,直通黄浦江,向东连大沙路港,规划连通长江口,位置靠近浦东机场南端、商飞基地北侧,口门大约在三甲港水闸与大治河东闸之间的中部,对解决商飞基地除涝问题,以及祝桥、六灶等浦东新区腹部地区的除涝问题可发挥重要作用,也有利于国家农业开发区涝水东排,因此,首先要向东打通人民塘以东段,建设北横河水闸,解决东排长江口的出路问题,然后打通咸塘港以西段,解决西排黄浦江的出路问题,最后拓宽中段河道规模,增大腹部向东西两端的输水能力。

周康地区是浦东新区腹部低洼易涝区域,2005 年"麦莎"台风暴雨期间周康地区受涝严重,造成内涝的主要原因是:周康地区开发中填埋不少河道,水面率下降较多;不少重要道路以箱涵代替桥梁,形成瓶颈;中心河(芦胜河)是浦东新区外环线以南周浦塘以北唯一一条西排黄浦江的主要河道,规划河道宽 30 m,对周康地区排涝起重要作用,但陆家浜与中心河之间被阻断,排水不畅。因此,必须先打通陆家浜与中心河的联系,按规划扩大中心河、沈庄塘、姚家浜等直通黄浦江河道的规模,打通骨干河道的瓶颈,通过各种措施提高周康地区的外排黄浦江能力。

泐马河为浦东片南排骨干河道,自北横河向南至杭州湾入海,规划河道宽 85～116 m(南段规模 100～116 m),规划泐马河水闸净孔宽 50 m。目前从大治河至团芦港 7.3 km 已经结合"大芦线"航道工程按规划实施,团芦港以南至人民塘 8.6 km 现状平均河宽仅 22 m 左右,与规划河道规模差距很大,人民塘以南段 2.2 km 尚未开挖,影响临港重装备区、临港主产业区的除涝能力,因此,首先应当开挖泐马河南段,建造泐马河出海闸,然后拓宽团芦港—人民塘段,增强临港重装备地区的除涝能力。

浦东片是 14 个水利片中面积最大的水利片,虽然拥有直排杭州湾、长江口、黄浦江的优势,排水条件好,但是,近十多年来,黄浦江水系在暴雨期间的低水位和高水位较"63·9"典型年的潮位大幅度抬高,沿黄浦江口门的排水条件变差,奉贤北部等黄浦江中上游地区甚至根本无法向黄浦江排水,这给区域除涝带来隐患。另外,南汇东滩的滩涂外展,排水通道延长,增加了腹部地区的涝灾风险。大治河从西闸到东闸长达 38 km,本来腹部地区的排水距离长,一潮次约 6 小时排水时间内,等不到腹部地区开始外排就已经关闸,现在要将东闸外延 11 km,腹部地区的排水会更加困难。因此,在建设长江口、杭州湾的外排口门时,要考虑除涝规划不同典型年的适应性,以及外延对腹部地区排水影响,进一步扩大外延段河道和水闸规模,降低浦东片腹部地区的除涝风险。

7. 浦南东片

(1) 模拟计算结果

浦南东片南排杭州湾仅龙泉港 1 个口门(模拟计算时张泾河出海泵闸在建设中),水闸净宽 30 m,但杭州湾潮差大,排水条件最好;北排黄浦江—大泖港有 4 个口门,水闸总净宽 86 m,排水条件较好,但不如从前,特别是台风暴雨期间黄浦江水位上升较快,影响北排;西排掘石港有 3 个口门,水闸总净宽 29 m,由于杭嘉湖平原的涝水东排,暴雨期间外河水位较高,因此,西排口门的排水条件并不好。

经计算,20 年一遇暴雨,浦南东片净雨量 8 537.7 万 m³,河网调蓄量占 55.9%,水闸外排量占 43.7%,泵站外排量占 0.4%。浦南东片填埋河道较多,水面率比较低,闸排和泵排能力较弱。由于浦南东片南北高程差异较大,风险主要在北部地区,排水条件最好的口门在南部地区,但南部口门的闸排与泵排对北部的辐射影响力还不强,需要综合考虑这些矛盾和困难。

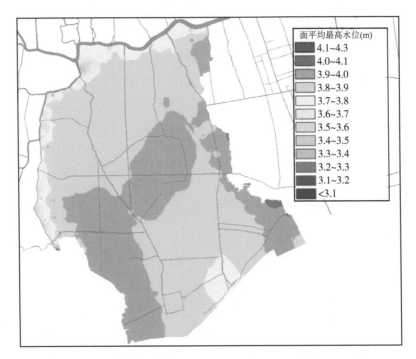

图 8.3-7　浦南东片 20 年一遇实际预降时面平均最高水位分布图

（2）区域除涝能力综合评估

浦南东片的规划控制最高水位为 3.75 m,从实际预降的面平均最高水位分析,除涝能力 5～10 年一遇。若按规划预降,能力还将上升。

浦南东片共有圩区 19 个,其中金山区 14 个,松江区 5 个,圩区面积 178.8 km²,占总面积 35.2%。19 个圩区中除涝能力超过 10 年一遇占 48%,圩区平均除涝能力约 10～15 年一遇。鉴于 2023 年张泾河工程 30 m 水闸和 90 m³/s 泵站将发挥巨大作用,预降能力也将进一步提高,综合评估浦南东片的除涝能力可上升一个等级,为 10～15 年一遇。

（3）薄弱区域和环节

浦南东片除涝薄弱区域主要为廊下、亭林、张堰、新农等地势较低的区域。

2021 年 7 月 23 日—29 日,"烟花"台风期间,受洪潮夹击,浦南东片外围河道水位高涨,片内的圩外河道水位也大幅上升,张堰最高水位达 3.92 m,远超规划除涝最高水位 3.75 m,廊下(惠高泾以东区域)、亭林(紫石泾、张泾河、中运河等沿线)、张堰(张泾河、牛桥港等沿线)、新农(亭枫公路以南)等区域受淹情况较为严重。这次涝灾暴露出几个问题:一是水利片外围的防洪线还有缺口,惠高泾的外水进入片内;二是圩区的堤防还存在薄弱段,圩外涝水进入圩内,例如勇敢景阳圩受淹,问题并不在于除涝设施,而在于圩外河道水位超过圩堤,发生漫溢;三是自排系统的管道直通圩外河道,造成河水倒灌。

浦南东片规划骨干河道 15 条,红旗港、中运河、叶榭港、龙泉港等现状河道规模与规划规模相比还有差距,应当加快推进实施。特别是红旗港,规划规模为 50 m,现状仅 12～25 m,尚未全线打通,拓宽、延伸红旗港有利于西部的涝水通过红旗港汇入龙泉港,南排杭州湾。龙泉港其他支流,也要加快打通瓶颈、扩大规模,以充分发挥龙泉港的闸排优势。

张泾河出海泵闸 2023 年开通,而卫城河的规模较小,因此,要加快张泾河及相关河道的整治,充分发挥张泾河出海水闸的外排能力。

浦南东片的水面率较低,导致排涝动力需求骤增,因此,还要加快圩区达标建设和中小河道治理,增加河道调蓄能力,切实提高区域除涝能力。

浦南东片内化工企业密集,突发水污染事件时有发生。为保障水源供水,引清调水的压力较大,常水位较高,增加了防汛预降难度,影响了区域除涝能力的提高,因此,建议研究在与浙江平湖相邻的西边界打通入海通道,降低浦南东片外围水位,增加西部沿线的排水能力。

8. 浦南西片

(1) 模拟计算结果

浦南西片为敞开片,根据太湖流域规划,保留了众多河道作为流域泄洪、排涝通道。圩区防洪的设防水位为 4.2 m,堤防高程 4.7～5.2 m。这个区域的除涝能力取决于各圩区的除涝能力,圩外水位比较高,但都在 4.2 m 以内,因此,区域除涝模拟计算结果不再叙述。

(2) 区域除涝能力综合评估

浦南西片为杭嘉湖平原留出了众多的洪涝通道,最终汇入黄浦江,圩区是保障洪涝安全的主要形式。由于受潮汐、上游来水和区域涝水的共同影响,暴雨期间圩外水位较高,排涝主要依靠河道调蓄和泵站强排,圩区的除涝能力直接反映这个区域的除涝能力。

浦南西片共有圩区 36 个,其中金山区 19 个,青浦区 2 个,松江区 15 个,圩区面积 259.7 km²。浦南西片的 36 个圩区中,除涝能力超过 15 年一遇的圩区 19 个,面积占比 55.6%,因此,综合评估浦南西片除涝能力为 15～20 年一遇。

（3）薄弱区域和环节

浦南西片除涝薄弱区域主要分布在片内的金山部分。由于江浙两省的泵站排涝模数普遍比上海高，上游洪涝水下泄强度加大，水位抬升明显，增加了本市因洪致涝的风险，因此，这个区域首先要提高堤防的防御能力，其次要根据相关水利规划提高圩区水面率、增加圩区排涝泵站，减少涝灾风险。

9. 太南片

（1）模拟计算结果

太南片外围没有全部建闸控制，其中俞汇塘留作了流域的行洪通道，片内绝大部分为圩区。北排太浦河有6个口门，水闸总净宽30 m；东排泖河—斜塘有3个口门，水闸总净宽16 m；南排俞汇塘—大蒸塘—圆泄泾有6个口门，水闸总净宽50 m；西排界河有2个口门，水闸总净宽10 m。由于太南片地势较低，外围水位较高，太南片闸排条件并不好。

经计算，20年一遇暴雨，太南片净雨量1 069.6万 m³，河网调蓄量占20.8%，水闸外排量占44.6%，泵站外排量占34.6%。太南片水面率较低，圩外河道水位特别高，需要充分协调圩区与水利片的关系，保障局部与整体的除涝安全。

（2）区域除涝能力综合评估

太南片基本由圩区全覆盖，从圩外河道的面平均最高水位分析，区域除涝能力不足5年一遇。但太南片圩区堤顶高程达4.0 m，按3.5 m评估，太南片除涝能力可达15～20年一遇。

太南片共有圩区12个，青浦区9个，松江区3个，圩区面积77.5 km²。太南片12个圩区排涝泵站能力达134.9 m³/s，除涝能力超过15年一遇的圩区面积占59.7%，圩区的平均除涝能力为15～20年一遇。因此，综合评估太南片除涝能力为15～20年一遇。

（3）薄弱区域和环节

太南片除涝薄弱区域是中部的圩中圩，多级排水导致泵站强排能力的重复配置，增加了圩区和大片的矛盾和除涝风险。

建议尽早根据《青浦区练塘镇水利专业规划》中提出的太南片圩区布局进行调整优化，撤销拥有相近水利条件和地形特性的圩区，将圩内河道调蓄能力释放出来，同时增加大片排涝动力，减少多级重复排水现象，提高区域整体防灾能力。

10. 太北片

（1）模拟计算结果

太北片北排元荡—淀山湖有19个口门，水闸总净宽83 m；东排拦路港—

泖河有 8 个口门,水闸总净宽 63 m,还有 20 m³/s 的排涝泵站;南排太浦河有 7 个口门,水闸总净宽 60 m。拦路港、太浦河为感潮河道,但潮汐的作用已经较弱,潮差较小,低水位要比黄浦江下游河道高些。近十多年来受潮汐和太湖流域上游来水影响,暴雨期间,太浦河水位较高。太浦河、拦路港下游沿线口门排水条件比上游好些,但总体上,太北片闸排的动力日益减弱,涝水更加依赖于河湖水面的调蓄。

经计算,20 年一遇暴雨,太北片净雨量 1 890 万 m³,河网调蓄量占 65.0%,水闸外排量占 33.1%,泵站外排量占 1.9%。太北片水面率很高,需要充分重视常水位控制问题,更好发挥河网调蓄作用。

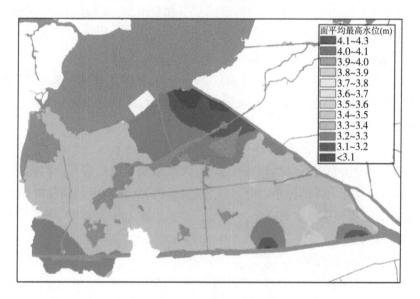

图 8.3-8　太北片 20 年一遇实际预降时面平均最高水位分布图

(2) 区域除涝能力综合评估

太北片是全市水面率最高的水利片,规划控制最高水位为 3.3 m。从实际预降的面平均最高水位分析,除涝能力为 15～20 年一遇。

太北片共有圩区 11 个,全部位于青浦区内,圩区面积 42.4 km²,占 49.8%。太北片除涝能力超过 15 年一遇的圩区面积占 89.9%,圩区平均除涝能力 15～20 年一遇。综合评估太北片除涝能力为 15～20 年一遇。

(3) 薄弱区域和环节

太北片除涝薄弱区域主要是几个圩区。除涝能力较弱的外婆圩、莲湖荡圩为农业圩,目前能力基本满足农业生产需求。另外,位于太北片东南角 3 个圩区的除涝能力较弱。

薄弱环节主要是水位控制。太北片水面率高,外围泵站少,在实际预降水位过程中,太北片水位多在 2.7～2.8 m 间,原规划预降水位 2.0 m,在没有泵站的情况下很难实现。新一轮规划将预降水位提高到 2.5 m,虽然比较容易实现,但毕竟增加了风险,需要特别注意降低常水位。

11. 商榻片

(1) 模拟计算结果

商榻片为敞开片,根据流域规划,保留了众多河道作为流域泄洪、排涝通道。圩区防洪的设防水位为 4.2 m,堤防高程 5.2 m。这个区域的除涝能力取决于各圩区的除涝能力,圩外水位比较高,但都在 4.2 m 以内,因此,区域除涝模拟计算结果不再叙述。

(2) 区域除涝能力综合评估

商榻片由 3 个圩区组成,圩区面积 25.3 km²,均位于青浦区金泽镇。商榻片的三个圩区除涝能力均达到 20 年一遇,因此,综合评估商榻片除涝能力≥20 年一遇。

(3) 区域除涝薄弱区域和环节

商榻片除涝能力已经达到规划水平,风险较低。但仍应充分利用自身水面率高和调蓄能力强的优势,加强圩区的科学调控,在雨前做到及时、充分预降圩内水位,提高区域抗风险能力。

12. 崇明岛片

(1) 模拟计算结果

崇明岛片面积较大,呈狭长形,四面环水,水闸密布,主要排水口门有 27 个,水闸总净宽 384 m,排水条件非常好。但推虾港、前进港、北四滧港的北排通道已在北湖圈围、北横引河开挖时堵截,鸽龙港、老滧港水闸也在江苏圈围新村沙时退化为内部水闸,北堡镇港严重淤塞,崇明北沿区域北排能力不足。

经计算,20 年一遇暴雨,崇明岛片净雨量 17 924.53 万 m³,河网调蓄量占 38.6%,水闸外排量占 61.4%。虽然崇明岛北排有些不足,但总体的排水条件比大陆水利片好很多,闸排发挥了重要作用。

(2) 区域除涝能力综合评估

预降对降低除涝风险十分重要,崇明岛"海葵"台风期间河网水位只预降到 2.35 m,"烟花"台风期间则预降到 1.81 m,已低于规划预降 2.1 m。为避免出现通过"超预降"来提高区域除涝能力的误导,本次计算时仍然考虑预降

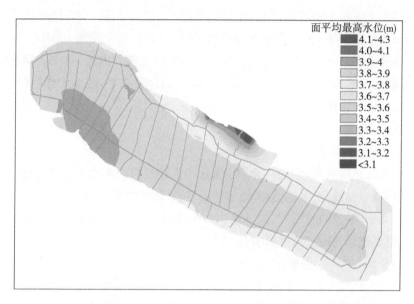

图 8.3-9　崇明岛片 20 年一遇实际预降时面平均最高水位分布图

为 2.1 m。崇明岛片规划控制最高水位为 3.75 m，从 2.1 m 预降水位的面平均最高水位来看，现状除涝能力已达到 15～20 年一遇。

崇明岛片有 8 个圩区，圩区面积 24.2 km²，仅占总面积的 1.9%。崇明岛除涝能力<5 年一遇的圩区有 4 个，占圩区面积的 65.3%，平均圩区除涝能力<5 年一遇。因此，综合评估崇明岛除涝能力为 15～20 年一遇。

（3）薄弱区域和环节

崇明岛南北向河道发达，东西向河道除南横引河和北横引河外，规模较小，淤积严重，崇明北沿各农场区域的河道稀少、水面率低，东部的前哨、西部的三星等区域局部高程低于 3.5 m，最低约 3.0 m。除涝薄弱区域主要是东部前哨农场、西部三星镇及北沿光明集团的各农场。

目前堡镇港、四滧港、六滧港、八滧港等北排通道水闸正在外移重建，建成后，可减轻崇明北部的除涝压力。但是，北湖圈围时封堵了前进港水闸、推虾港水闸，江苏圈围新村沙时封堵了鸽龙港、老滧港北闸，新河港—堡镇港之间北排口门仍然不足。北湖圈围时为咸水湖，现在崇明水务局设想将北湖纳入崇明岛的河网水系中，利用北湖的调蓄能力为崇明岛除涝服务。这个设想本身没有问题，但必须重新规划并打通北湖与北横引河的联系，扩大输水河道规模，扩建北湖与长江北支之间的水闸，以满足对湖体调度的需求。

崇明岛原来的常水位为 2.5 m，为顺应日益频繁的引水调度，规划常水位提高到 2.5～2.8 m。由于河道淤积等原因,实际上常水位上升到 2.8～3.0 m,且居高不下,使上实东滩、前哨农场部分农田经常受淹。2011 年初冬,一场总雨量 42 mm 的大雨就使这个区域的农田受涝。因此,首先要降低常水位,保证大雨不再受涝,并促使地下水位降低到合理水平,减少农作物渍害,提高耕地质量和农作物产量。

13. 长兴岛片

(1) 模拟计算结果

长兴岛呈狭长形,四面环水,但现有 8 个排水口门均分布在南沿地区,水闸总净宽 88 m,排涝泵站流量 56 m³/s。长兴岛平均地面高程不足 3.0 m,常水位 2.2 m,闸排的时间短、内外水位差小,因此,长兴岛的排水口门虽然直通长江,但高潮顶托时排水条件并不好。

经计算,20 年一遇暴雨,长兴岛净雨量 1 031 万 m³,河网调蓄量占 3.5%,水闸外排量占 70.3%,泵站外排量占 26.2%。长兴岛闸排条件并不好,却还发挥着主力军的作用,说明对除涝真正起蓄排作用的长兴岛水面率(应从统计水面积中扣除青草沙水库面积)不高和泵站配置不足是两大短板。

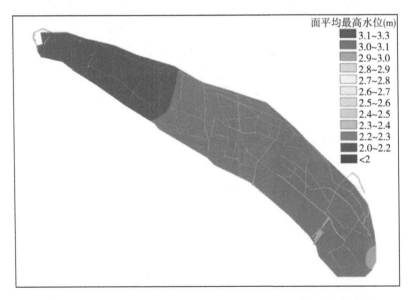

面平均最高水位(m)
- 3.1~3.3
- 3.0~3.1
- 2.9~3.0
- 2.8~2.9
- 2.7~2.8
- 2.6~2.7
- 2.5~2.6
- 2.4~2.5
- 2.3~2.4
- 2.2~2.3
- 2.0~2.2
- <2

图 8.3-10　长兴岛片 20 年一遇实际预降时面平均最高水位分布图

(2) 区域除涝能力综合评估

预降对降低除涝风险十分重要,长兴岛"烟花"台风期间预降到 1.31 m,已低于规划预降 1.7 m。为避免出现通过"超预降"来提高区域除涝能力的误导,本次计算时仍然考虑预降为 1.7 m。

长兴岛片的规划控制最高水位为 2.7 m,从预降水位 1.7 m 的面平均最高水位来看,现状除涝能力已达到 5~10 年一遇。

长兴岛片有 1 个圩区,面积 2.0 km²,占长兴岛的 2%。圩区除涝能力＜5 年一遇。由于圩区面积占长兴岛总面积比很小,因此,综合评估长兴岛除涝能力为 5~10 年一遇。

(3) 薄弱区域和环节

长兴岛除中船、中海、振华港机等海洋装备基地外,均为除涝薄弱区域。长兴岛地势低洼,除海洋装备基地区域地形高程 4.5 m 以上,其他区域平均地面高程不足 3.0 m,最低处仅 2.2 m,远低于长兴岛多年平均高潮位 3.3 m。一旦高潮顶托时遭遇暴雨,受淹面积较大,影响范围较广。2001 年 6 月 23 日,受"飞燕"台风的影响,24 小时降雨量达 174 mm,有 8 000 多亩土地受淹三天,损失较重。

长兴岛在不同时期围垦留下许多圩堤,内圩重叠,排水线路迂回曲折,加之河道障碍多、淤积严重,河道的调蓄能力和输水能力都不足。长兴岛河道少、规模小,虽然 2004 年新开挖了部分南环河(金带沙河—跃进河段)、跃进河(长江—南环河段),初步将园沙、跃进、前卫、新开港四片连为一体,但至今河网水系框架尚未完全形成,7 条竖向河道也未全与北侧河道沟通。因此,提高长兴岛除涝能力,首先要开挖南环河、北环河、横河,构建长兴岛骨干河网,其次要加快外围泵站建设,提高预降能力和暴雨期间的强排能力。

根据调查,长兴岛道路建设过程中,存在缩窄或填堵河道现象;新建桥梁没有按规划同步实施桥下河道工程,造成原有河道中心偏移及错位;还有新建桥梁施工后没有把桥底土方挖干净,形成河道瓶颈,致使长兴岛除涝问题雪上加霜。必须尽快打通这些河道瓶颈,提高河道排水能力。

14. 横沙岛片

(1) 模拟计算结果

横沙岛呈心脏形,三面环水(东部新圈围土地尚未形成完整的水系,也没有与原岛域水系连通,因此,不纳入本次评估范围)。横沙岛有 5 个主要排水口门,水闸净宽 44 m,还有 40 m³/s 的排涝泵站。横沙岛平均地面高程也不足 3.0 m,常水位 2.2 m,闸排的时间短、内外水位差小。因此,和长兴岛一样,虽然三面环水,但高潮顶托时排水条件不佳。

经计算,20 年一遇暴雨,横沙岛片净雨量 10 845.5 万 m³,河网调蓄量占59.6%,水闸外排量占 37.3%,泵站外排量占 3.1%。

图 8.3-11 横沙岛片 20 年一遇实际预降时面平均最高水位分布图

（2）区域除涝能力综合评估

预降对降低除涝风险十分重要，横沙岛"烟花"台风期间预降到 1.4 m，已低于规划预降 1.7 m。为避免出现通过"超预降"来提高区域除涝能力的误导，本次计算时仍然考虑预降为 1.7 m。

横沙岛的规划控制最高水位为 2.7 m，从预降水位 1.7 m 的面平均最高水位来看，现状除涝能力已达到 5～10 年一遇。

横沙岛片有 5 个圩区，圩区面积 9.5 km²，占总面积 18.3%。圩区除涝能力 < 5 年一遇。由于圩区面积占横沙岛总面积比较小，因此，综合评估横沙岛除涝能力为 5～10 年一遇。

（3）薄弱区域和环节

横沙岛地势低洼，平均地面高程不足 3.0 m，新民镇附近的新春村、民永村一带地面高程仅 2.6 m，排涝要靠泵站，长历时暴雨容易引发涝灾。1999 年梅雨期间，6 月 9 日至 6 月 10 日，降雨最大为 200 mm，6 月 30 日至 7 月 1 日，降雨量 178 mm，两次大暴雨期间农田大部分被淹没，其中 2.9 m 高程的农田受淹时间长达 36 小时，其他低洼地受淹时间达 72 小时。因此，横沙岛大部分区域都是除涝薄弱区域。

横沙岛片规划骨干河道 5 条，环河尚未形成，其他河道规模较小。环河是横沙重要规划骨干河道，分东西两部分，西环河规划河道宽 30 m，东环河规划河道宽 50 m,环河建设不仅可以充分发挥创建河泵闸的排水能力,也可以为正在围垦的横沙东滩土地提供优质的淡水资源,还可以增加新民港水闸的排水服务范围,从而显著提高横沙岛的除涝能力。

创建河是横沙岛唯一纵贯南北的骨干河道,规划河道宽为 40 m,现状河道宽 12 m。由于创建河泵闸建设时,创建河没有同步扩大,河道规模与 10 m³/s 泵站规模不匹配,泵站全部开启时可以将前池水抽干,其他地方的水来不及汇入,创建河泵闸无法充分发挥排水作用。因此,要加大政策支持力度,促进创建河按规划实施。

新民港套闸船舶通行十分繁忙,加上靠近创建河附近还有腰闸,使得新民港水闸的排涝功能难以充分发挥。迫切需要将航运与排涝功能分开,或者利用南侧汉口新建节制闸单独用于排水,使得排涝不受船舶通行的影响。

8.3.3　除涝能力评估结果汇总

本次评估采用水文模型计算圩区除涝能力,283 个圩区中 55.6% 的面积除涝能力超过 15 年一遇,因此,圩区平均除涝能力 15~20 年一遇。浦南西片圩区的除涝能力 15~20 年一遇,商榻片圩区的除涝能力≥20 年一遇。

表 8.3-8　圩区除涝能力综合评估结果

现状能力	圩区面积(km²)	面积占比	圩区数(个)	个数占比
<5 年一遇	126.1	9.0%	48	16.9%
5~10 年一遇	364.9	26.0%	63	22.2%
10~15 年一遇	82.6	5.9%	15	5.3%
15~20 年一遇	346	24.7%	61	21.8%
≥20 年一遇	481.4	34.4%	96	33.8%
总计	1401	100.0%	283	100.0%

本次评估采用河网水动力模型计算水利片的除涝能力,并根据各重现期面雨量所产生的最高水位来判断各水利片除涝能力所达到的降雨标准。但有三个水利片比较特殊,在评判整体除涝能力时做了就高处理:(1)青松片内 75.7% 面积为圩区,圩区的除涝能力已经达到 15~20 年一遇,综合判断青松片整体除涝能力为 10~15 年一遇;(2)浦南东片的张泾河 30 m 水闸和 90 m³/s

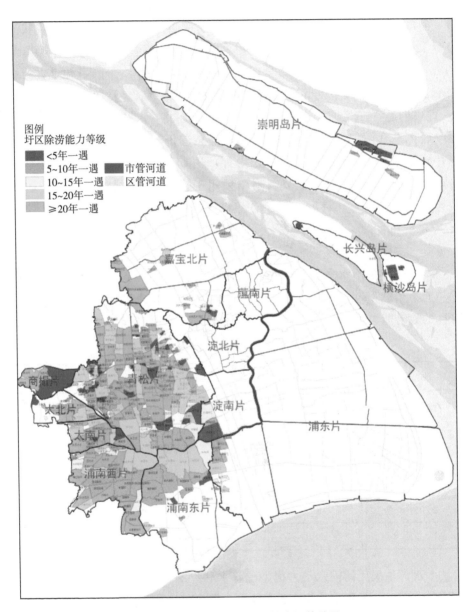

图 8.3-12　圩区除涝能力综合评估结果

泵站2023年完工并发挥巨大作用,浦南东片的除涝能力可达到10～15年一遇;(3)太南片圩外河道的设计水位3.5 m,堤顶高程达4.0 m,按3.5 m评估,太南片除涝能力可达15～20年一遇。

综合圩区除涝能力评估结果,14个水利片60%面积的除涝能力超过15年一遇,因此,上海市平均除涝能力约15年一遇。

表8.3-9 区域除涝面平均最高水位计算结果汇总表

水利片	规划预降时				实际预降时				除涝能力
	20年一遇	15年一遇	10年一遇	5年一遇	20年一遇	15年一遇	10年一遇	5年一遇	
嘉宝北片	3.990	3.852	3.706	3.381	4.038	3.904	3.761	3.445	10～15
蕰南片	4.452	4.257	4.047	3.854	4.452	4.257	4.047	3.854	≥20
淀北片	3.864	3.744	3.614	3.337	3.893	3.780	3.661	3.392	15～20
淀南片	3.758	3.687	3.611	3.386	3.845	3.781	3.707	3.520	10～15
青松片	3.636	3.562	3.511	3.258	3.683	3.617	3.575	3.362	10～15
浦东片	3.762	3.639	3.510	3.215	3.866	3.749	3.626	3.349	15～20
浦南东片	3.826	3.778	3.737	3.495	3.866	3.822	3.773	3.642	10～15
太南片	3.505	3.475	3.451	3.355	3.520	3.479	3.454	3.370	15～20
太北片	3.326	3.298	3.268	3.126	3.326	3.298	3.268	3.126	15～20
崇明岛	3.808	3.699	3.572	3.274	3.808	3.699	3.572	3.274	15～20
长兴岛	3.061	3.013	2.981	2.585	3.061	3.013	2.981	2.585	5～10
横沙岛	3.238	3.107	2.985	2.685	3.238	3.107	2.985	2.685	5～10

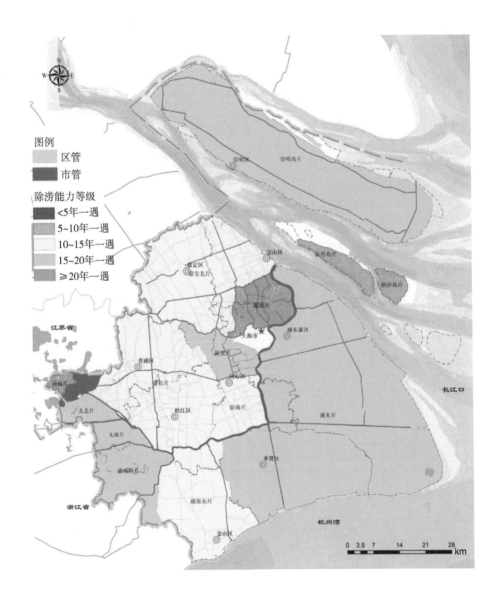

图 8.3-13　本市 14 个水利片除涝能力综合评估结果

第9章
上海市洪涝关系及洪涝灾害治理对策

9.1 上海市防洪除涝与雨水排水关系辨析

9.1.1 防洪与除涝的关系

1. 洪涝灾害的概念

洪灾一般是指河流上游的降雨量或降雨强度过大、急骤融冰化雪或水库垮坝等导致的河流水位突然上涨和径流量增大,超过河道正常行水能力,在短时间内排泄不畅,或暴雨引起山洪暴发、河流暴涨漫溢或堤防溃决,形成洪水泛滥造成的灾害。防洪对策措施主要是依靠水库(或蓄滞洪区)、河道、堤防等防洪工程措施削减洪峰,增加行洪能力,挡住洪水对城镇、村庄、农田的侵袭。

涝灾一般是指本地降雨过多,河道调蓄能力低下、排水能力不足,或受大江大河洪水、海潮顶托影响,雨水不能及时向外排泄,造成地表受淹、农作物歉收的灾害。除涝对策措施主要是通过开挖河、湖增加水面调蓄和排水能力,并使用泵站加速排除地面涝水。上海习惯称涝灾的治理为"除涝"而不称"防涝",与"防洪"结合在一起就称为"防洪除涝"。防洪指防"外洪"入侵,防守的是"一条线"(堤防)。除涝是指消除"内涝"灾害,治理的是"一个面"。"外洪"中的"外"与"内涝"中的"内"是两个相对固定出现的概念,没有"内洪"与"外涝"的提法。

潮灾是沿海地区在强风暴潮或地震海啸作用下海水上陆,而造成海堤工程破坏和生命财产损失的一种严重海洋自然灾害。在上海,防潮的对策措施与防洪有点相似,主要依靠海堤等工程措施挡住潮水对城镇、村庄、农田的入侵。上海习惯所称的"防洪"包括了防潮,只是在规划名称中没有出现"防潮"两字而已。

上海处于平原感潮河网地区,每逢大范围持久降雨,控制片外的承泄区难以严格区分潮水、洪水、涝水,既有潮水顶托、排涝受限的"因洪致涝"问题,也有涝水强排抬高承泄通道水位、防洪风险增加的问题,同时,还存在河道规模过小无法承受雨水泵站排水而"强排致洪"的问题,我们必须厘清防洪、治涝与排水之间的复杂关系,才能找准应对策略。

2. 洪潮灾害的防御

我国防洪重点关注的是山丘区防洪(相对平原而言,是地形高差明显的区域,下同)。山丘区的洪水自高而下,势不可挡,破坏力极强,除了筑堤以外,还有可以用其他手段来抵御洪灾风险:一是拓宽、浚深泄洪河道,扩大过水断面,在设计流量不变的情况下降低洪水位,降低洪水漫溢风险;二是上游建设水库,调节洪水下泄流量,减缓洪水过境对受保护区的冲击;三是设置蓄滞洪区,主动将洪水引入蓄滞洪区,降低过境洪峰流量和水位,降低受保护区的洪灾风险。

上海是平原感潮河网地区,其防洪形势与山丘区完全不同。由于受潮水影响较大,拓宽、浚深完全敞开的泄洪河道,将增加潮水上溯的范围和力度,加大洪潮灾害风险。且本市的地势低洼平坦,也无法通过建设水库或设置蓄滞洪区解决防洪问题。唯一可以依靠的防洪措施是建设堤防,并在需要排水或引水的河道口门建设水闸,堤防和水闸按统一的防洪标准设防,并组成封闭的防洪包围圈。

与其他沿海地区相比,上海也有其特殊性。有些沿海地区是山丘区的延伸,地形高,防潮的压力小。有些沿海地区需要保护的平原区域较小,防潮要求不是很高。上海面积大、地势低、城市化率高,防洪防潮的标准都比较高。上海市的洪潮水源头主要有两个方向,下游为长江口、杭州湾,上游为太湖,而长江口、杭州湾的高潮位影响力最大。

长江口、杭州湾沿岸区域及崇明三岛直接受风暴潮影响,潮水又通过黄浦江水系向上游施加影响。由于黄浦江尚未建闸控制,涨潮时,潮流可通过黄浦江干流和上游支流上溯到沪苏、沪浙边界,这种情况下,河道中的水是倒流的,下游的水位反而高于上游的水位,因此,平原感潮河网地区最显著的特点是涨潮进水、落潮退水,河道水流呈往复流状态,最高水位下游高于上游,水位不可控。

太湖洪水通过太浦河、吴淞江对下游的阳澄淀泖和杭嘉湖区施加影响。但由于太浦河水闸和瓜泾口水闸人为控制,太湖相当于承泄浙西、湖西山丘区洪水的水库,对下游地势低洼的苏浙沪地区都有保护作用。太湖高水位比长江口高潮位要低很多,太湖需要泄洪时打开太浦河水闸、瓜泾口水闸,洪水进入河网,再靠黄浦江落潮腾出的空间,往复震荡、缓慢地将洪水退到长江口以外大水体。因此,平原感潮河网地区另一个显著特点是,排水动力为落潮引起的水面坡降(没有山丘区河道那样,由河底坡降产生的重力作用),排水缓慢。由于最低水位上游高于下游,离长江口、杭州湾越远,低水位越高的区域,外排动力越弱,排水越困难。

太湖下游的阳澄淀泖和杭嘉湖区均为平原河网地区,太湖流域 100 年一遇防洪标准的防御水位,不是由河道洪峰纪录按水文频率计算分析得到的,而是按一定重现期的 30～90 天流域性面雨量通过河网模型模拟计算得到。由于梅雨期间没有风暴潮增水的叠加影响,这个计算水位比采用年最高水位水文频率分析得到的 50 年一遇水位要低。例如,根据国务院批复的《太湖流域防洪规划》,按"99 南部"雨型计算,米市渡水位为 3.41 m,按最不利的"99 实况"计算,米市渡最高水位也只有 3.55 m,远低于 2021 年高潮位频率分析得到的 50 年一遇水位 4.65 m 计算成果,因此,兼顾流域和区域防洪标准要求时,往往取两者中比较高的 50 年一遇最高水位作为区域防洪标准。

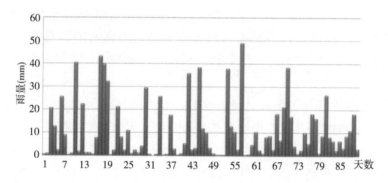

图 9.1-1　太湖流域 1954 年型 90 日设计暴雨过程

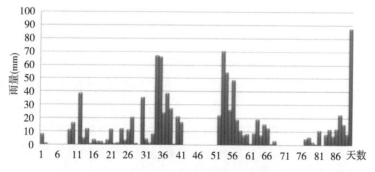

图 9.1-2　太湖流域 1991 年型 90 日设计暴雨过程

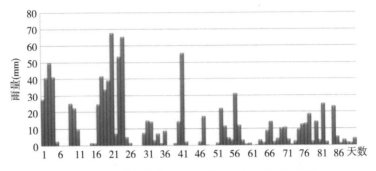

图 9.1-3 太湖流域 1999 年型 90 日设计暴雨过程

太湖洪水下泄,本质上是太湖这个大水库在调节浙西和湖西山丘区的洪水后,需要在保证下游低洼地区城乡安全的条件下,有控制地安全下泄。国务院批复的《太湖流域防洪规划》明确:(1) 太浦闸的泄洪须兼顾下游地区向太浦河排涝的需求。当太湖水位未超过 3.54 m(报告中为镇江吴淞高程 3.8 m)时,太浦闸泄量以平望水位不超过 3.24 m(镇江吴淞 3.5 m)为限;当太湖水位达到或超过 3.54 m(镇江吴淞 3.8 m),太浦闸泄量以平望水位不超过 3.74 m(镇江吴淞 4.0 m)为限。(2) 吴淞江瓜泾口闸按照太湖、陈墓水位分级调度,并与吴淞江后续河道蕴藻浜蕴西闸联合调度。当蕴西闸因嘉定水位高于 3.24 m(镇江吴淞 3.5 m)关闭挡洪时,瓜泾口闸相应关闭。可见上游洪水是可控的。

由于黄浦江下游的吴淞口尚未建闸,上游太湖最高水位高于本市地面高程,下游东海潮汐远高于本市地面高程,水利片外围建闸控制,挡住潮水长驱直入,是洪涝分治、综合治理的关键措施。水利片外围堤防承担防洪任务,缩短了防洪战线,水利片内部专注于涝灾的治理。因此,千里海塘、千里江堤,以及浦南西片、商榻片的圩外堤防是上海防洪的一线堤防,是传统意义上的防洪防潮工程。

苏州河、桃浦河等片外河道,以及彭越浦、虹口港、杨树浦港等蕴南片片内河道的最高水位由除涝最高水位决定,外部的防洪防潮压力由黄浦江、蕴藻浜堤防及苏州河河口水闸、桃浦河北闸承担,内部防汛墙工程不是传统意义的"防洪"工程,因此,要协调好"涝水"与"洪水"的转换关系,避免产生新的风险。

另外,12 个水利控制片内部圩区的圩堤也不是"防洪"工程,其高程只要略高于除涝最高水位即可,当圩外最高水位超过除涝控制最高水位时,应当限制圩区涝水外排,以免产生更大范围的风险。

当然,如果黄浦江口建闸控制,上海大陆区域的防洪防潮形势将发生根本性变化,一方面可以降低千里江堤的防洪风险,另一方面还可以减少风暴潮洪"三碰头""四碰头"的机会,大大降低除涝风险。

2. 区域涝灾治理

上海属平原感潮河网地区,地势较低、地形平坦、河网密布,受上游洪水、下游潮汐和本地暴雨的共同影响时,最容易产生涝灾。

解决涝水的途径有两个:一是"蓄",主要是河网对产生的径流有效调蓄;二是"排",主要是闸排和泵排,特别是长江口、杭州湾及黄浦江干流沿线的水闸,闸排能力很强。河道、水闸、泵站是除涝三大基础设施,其功能、作用和功效完全不同,河道是最重要的基础设施;闸排能力不仅受河道规模和输水能力影响,还受外河高水位顶托影响;虽然排涝泵站强排一般不受外河高水位顶托影响,但其流量配置受制于河道规模和输水能力,且能源消耗大、运行成本高,不是节能、低碳的方式。

(1) 河网是本市除涝最重要的基础设施

河网是最自然、最生态、最低碳的除涝基础设施,河湖容蓄能力是影响区域除涝最重要因素。上海是平原地区,经过人工治理,河道已经联系成一张巨网,方便各地块的地面雨水就近排入,其蓄水和输水的影响范围远超过同等面积的湖泊。河网的容蓄能力可以应对不同区域降雨、不同范围降雨、不同历时降雨、不同强度降雨,其适应性远超水闸和泵站。

我们可以这样算一笔帐:本市平均地面高程约 4.0 m,50～100 mm 雨量是十分常见且多发的暴雨。上海市除涝标准 20 年一遇最大 24 小时面雨量约 200 mm,一般区域常水位控制在 2.5～2.8 m,预降水位 2.0 m,规划最高水位控制在 3.75～3.8 m,最大调蓄水深达 1.8 m。如果水面率在 11% 以上,并按规划预降到位,河网可以容蓄 198 mm 雨水,几乎达到规划雨量标准;即使遇到没有来得及预降的情况,也可以容蓄 110 mm 面雨量。这说明水面率对区域除涝起十分重要的作用,而且水面率越高,越能通过预降,提升河网的调蓄能力。但当水面率下降到 5% 时,即使雨前预降 0.8 m,河道容蓄能力仅为 90 mm,占规划总雨量的 45%,还有 55% 雨水需要在暴雨期间外排。而在没有来得及预降的情况下,只能容蓄 50 mm 面雨量,此时局部地区可能发生涝灾。50 mm 雨量只相当于 3 年一遇最大 1 小时暴雨,远小于年最大 24 小时暴雨的平均值 105 mm。因此,如果水面率较低,防御暴雨灾害能力就明显下降,需要通过暴雨期间的闸排、泵排来降低本区域的除涝风险。

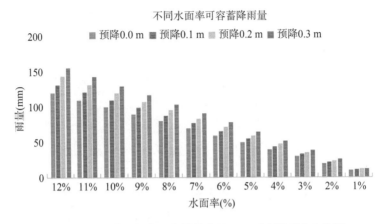

图 9.1-4　区域不同水面率调蓄水深 1 m 时容蓄能力变化图

（2）水闸是兼有区域排涝和防洪挡潮双重功能的水利工程，在外排条件较好的区域，水闸可以发挥较大作用

水闸排水受制于外河水位，涨潮或上游洪水期间，外河水位高于内河水位，无法开闸排水，但当外河落潮，外河水位降至低于内河水位时，可以发挥较大的排涝作用。粗略估算，如果闸内水位与外河水位有 0.3 m 水头差，1 m 孔径水闸的过流能力可达到 5～10 m³/s，再假设每天两潮的总排水时间为 10 小时，那么，10 m 孔径水闸 1 天的排水量至少 180 万 m³，相当于 30 km² 内 60 mm 降雨的总雨量。因此，水闸的排水能力很强，特别是沿江沿海水闸的潮差大，作用更明显。

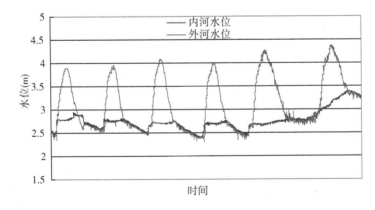

图 9.1-5　海葵台风暴雨期间淀东水闸内外水位图

当然,水闸规模与河道规模必须匹配。沿长江口、杭州湾区域的闸河配套系数宜小些,否则容易引起河道和滩前冲刷,或者采用单宽小的多孔闸门布置,方便组合、灵活操作。沿黄浦江的闸河配套系数可大些,以充分利用河道的输排水能力。圩区水闸主要起节制作用,规模可小些,不必硬性按规范建议的闸河配套系数扩大水闸规模。

(3) 排涝泵站是高潮位顶托期间,削减峰值水位的重要辅助手段

排涝泵站能力与水闸排水能力、河道调蓄能力相比要小得多。仅在高潮顶托、水闸无法自排而关闭时开泵强排,起到削峰作用,因此,除涝泵站主要配置在低洼地区和水面率较低地区,地势高和水面率高的区域除涝规划中泵站配置较少。

排涝泵站还有一个特点是使用频率比市政雨水泵站低。市政雨水泵站不管大雨小雨,只要管道形成径流都要开泵排水,而排涝泵站在大雨、小雨时,河网足以调蓄,一般不需要开泵,遇到大暴雨或特大暴雨时才需要开泵强排。泵站强排的作用范围并不大,加上泵站的建设、使用、维护成本较高,能耗较大,不宜优先采用增加排涝泵站的方法提高区域遭遇稀有暴雨时的除涝能力,而应当充分挖掘滨水空间临时蓄纳的潜力。

9.1.2　雨水排水与区域除涝关系

1. 雨水排水的规划设计与建设

本市规划市政雨水排水系统有两种:一种是强排系统,雨水由各级管网收集、汇合、输送,经总管至雨水泵站,再强排到就近河道;另一种是自排系统,雨水由管网收集,直接分散自流排到就近河道。

在雨水管网与泵站工程设计中,采用推理公式 $Q = \Psi F q = 167 \Psi F i$,从管道起始端开始逐个管段计算设计暴雨强度的排水流量 Q;另外,根据设计管径 ϕ 和管道纵坡 i(一般取 $1‰ \sim 1.2‰$,水流流速大于不淤流速),按重力流逐段计算管道可以达到的流量 Q',使得每个管段的排水流量 Q' 大于设计暴雨强度计算的排水流量 Q,泵站流量大于最末端总管的流量。设计暴雨强度由上海市短历时暴雨强度公式 $i = \dfrac{9.581 + 8.106 \lg T}{(t + 7)^{0.656}}$ 计算,其中,暴雨重现期 T 按规划标准的暴雨重现期确定;暴雨历时 $t = t_1 + t_2$(分钟),t_1 为地面集水时间,视距离长短、地形坡度和地面铺盖情况而定,一般采用 $5 \sim 15$ 分钟;t_2 为管道内雨水流行时间,可根据管道规模、坡降计算流速,再结合各段管道的长度计算流行时间。径流系数 Ψ 可按规范规定的地面种类取值,以汇水面积 F(hm^2)

的平均径流系数按地面种类加权平均而得；或者按规范规定的区域情况直接取综合径流系数。

雨水排水系统建设的主要工程是管道和雨水泵站。本市绝大部分现状雨水排水系统的设计标准为 1 年一遇，面积一般为 $2\sim3$ km²，排水模数 $5\sim6$ m³/(s·km²)，一般按照设计流量的 1.2 倍配泵，雨水泵总流量 $12\sim21.6$ m³/s，一般配 $4\sim6$ 台泵，每台约 $2.5\sim3$ m³/s，末端高程 $-3\sim-4$ m，扬程 $6\sim8$ m。

综合径流系数 Ψ 对确定雨水管道和泵站规模的影响很大。按照短历时暴雨强度公式，1 年一遇的雨量为 36 mm/h，3 年一遇 51 mm/h，5 年一遇 58 mm/h，10 年一遇 67 mm/h，如果按城镇建筑密集区径流系数 0.65 计算，雨水排水系统的强排能力分别为 23.4 mm/h、33.15 mm/h、37.7 mm/h、43.5 mm/h。雨水排水系统建成后，就拥有连续不断的强排能力，不受时间限制。譬如，1 年一遇的排水系统，只要每小时雨量不超过 23.4 mm，理论上 24 小时可以排除 561.6 mm 均匀降雨，且不积水。但是小时强度超过 23.4 mm 的暴雨，就不能及时排入河道，会形成积水，产生风险。

雨水系统设计过程中并没考虑承泄河道水位高低的影响，但如果承泄河道规模小，水位容易暴涨，必然受到因河道高水位风险而停泵的影响。自排系统则直接受到承泄河道水位高低的影响，因此，在系统提标时要充分研究考虑这些影响。

2. 区域除涝的规划设计与建设

上海的区域除涝标准为，主城区等重要地区 30 年一遇、其他地区 20 年一遇最大 24 小时面雨量，1963 年 9 月设计暴雨雨型及相应同步潮型，24 小时排除，不受涝。全市面平均约 200 mm 的雨量，要靠河道、水闸、泵站这三大基础设施来蓄、排，并实施有效运行调度，才能保障除涝安全。

区域除涝规划设计中一般根据拟规划河道、水闸、泵站的规模和布局，构建河网水动力模型；计算规划标准下，河网的最高水位分布，河道、水闸、泵站的流速流量等；合理确定各水利片的最高控制水位，然后综合调整确定各水利片的河道、水闸、泵站布局和规模，以及水位控制、水面率控制等要素。

上海市地方标准《治涝标准》(DB31/T 1121—2018)列出了"63·9""麦莎""菲特"三种典型设计暴雨时程分配及相应代表站同步潮位过程供规划选用。

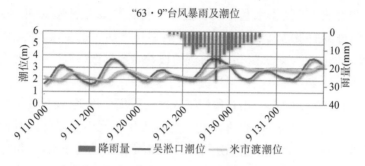

图 9.1-6　上海市 1963 年"63·9"雨型与同步实测潮位过程

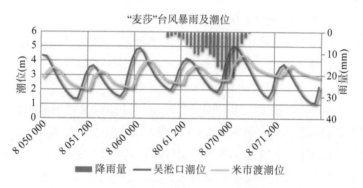

图 9.1-7　上海市 2005 年"麦莎"雨型与同步实测潮位过程

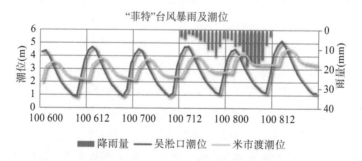

图 9.1-8　上海市 2013 年"菲特"雨型与同步实测潮位过程

《上海市治涝标准专题研究》成果表明,"麦莎"典型年对全市的除涝更加不利,主要原因是高水位和低水位都比较高,外潮顶托时间很长,水闸排涝时间缩短、能力减小。全市水利片要在这样不利的典型年遭遇 20 年一遇 24 小时面雨量,外围的泵站流量要比"63·9"典型年增加一倍多,这在经济技术比较和可操作性方面很难通过。因此,现阶段除涝规划选择"63·9"典型年有其合理性,也有一定潜在风险。但这并不排斥使用"麦莎"典型年及"菲特"典型年对排海口门的水闸规模、出口段河道规模进行优化论证,在投资增加不多的情况下扩大局部工程规模,提高水利片应对规划标准雨型以外的其他不利状况,增强城市安全韧性,降低除涝风险。如果黄浦江建闸控制后,可以避免风暴潮遭遇,那么这一轮规划继续选择"63·9"典型年,或许是与未来规划衔接最适当的方案。但是,如果确定黄浦江河口不建闸,或者水闸只有防洪功能、无法为除涝服务,建议要选择"麦莎"典型年,以策安全。

3. 雨水排水与区域除涝的关系

雨水排水的任务是将地面降雨径流汇集后排入河网,其汇水范围小、汇流时间短,一般雨水系统汇水面积 $2 \sim 3 \ \mathrm{km}^2$,汇流时间不超过 1 小时。积水风险主要来自短历时、小范围的强暴雨,其标准重点关注小时降雨强度。如果长历时暴雨中的小时暴雨强度大于管网排出强度,长历时、大范围暴雨也可能造成积水,但是,这种情况发生的频次要远小于短历时、小范围强暴雨。

区域除涝的任务是通过河网系统的蓄、排,容纳地面径流,并择机排出到区域外的大水体。涝灾风险主要来自长历时、大范围暴雨,一般水利片的汇流时间不超过 24 小时,因此,除涝标准重点关注 24 小时面雨量。短历时、小范围的强暴雨往往总雨量不大,一般不会造成涝灾。30~90 天特大梅雨也会造成涝灾,但发生的频次要小于 24 小时暴雨,其中的日雨量也明显小于 24 小时暴雨。

城市化以后,不透水地面增多,径流系数提高,产流强度增加,管网汇水时间缩短,当遭遇连续暴雨、强度超过雨水排水系统能力时,积水风险加大。当然,雨水泵站出流更快、更集中,也加大了河道的短时压力。但是,在除涝规划的河网水动力模型计算中,我们将降雨扣损处理后的净雨,按"全部归槽、瞬时入河"进行概化计算。24 小时暴雨过程,除了第 1 小时外,每个时段降雨径流系数都高于雨水排水的径流系数,包含了雨水最大程度归集、最快速度出流的最不利情况,也就是说,区域除涝规划中对暴雨径流的处理方式,基本涵盖了雨水由"漫流"变"强排"对区域除涝产生的不利影响。雨水系统提标改造,可能会增加管径和泵站规模,但各时段来水量多少还是由净雨量多少来决定,不是由泵站设计最大流量决定,因此,我们不必担心雨水排水系统建设或提高排水标准对区域除涝标准的影响,但必须按除涝标准及其规划建设河道、水闸、泵站工程,在能力上做好两者的匹配。

管网系统和河网系统是紧密连接的不同系统,对暴雨历时、强度、范围、雨量、重现期等要素的选择完全不同,两个系统衔接、匹配得好,就不会引起某一系统的过度投资和浪费。由于年最大 1 小时暴雨的重现期与年最大 24 小时暴雨中的最大 1 小时暴雨重现期不是同一概念,因此,我们在水利部公益性行业科研专项经费项目《区域除涝与城镇排水标准模式和综合调度研究》中,利用徐家汇站 1981—2010 年系列暴雨资料,开展了两个标准相融关系研究。

表 9.1-1　徐家汇站年最大 24 小时与 1 小时降雨频率计算结果

重现期(a)	年最大 24 h 暴雨(mm)		年最大 1 h 暴雨(mm)
	最大 24 h	其中最大 1 h	
100	274.1	73.6	112.1
50	246.1	66.5	101.1
20	208.3	56.8	86.2
10	178.8	48.9	74.5
5	148.1	40.4	62.2
3	124.0	33.4	52.6
2	103.3	26.9	44.2

首先对除涝标准的 24 小时雨量和排水标准的 1 小时雨量按年最大值法进行频率计算分析,分别计算年最大 24 小时和年最大 1 小时不同重现期的雨量;然后挑选每年最大 24 小时降雨过程中的最大 1 小时雨量作为样本进行频率分析,得到与年最大 24 小时降雨同频的 1 小时雨量;最后用这个 1 小时雨量对比年最大 1 小时暴雨频率分析结果,得到包容性较好的最大 24 小时雨量与最大 1 小时雨量重现期对应关系:20 年一遇年最大 24 小时雨量中最大 1 小时雨量不会超过 3～5 年一遇的年最大 1 小时雨量。我们的结论是,上海市的雨水排水标准由 1 年一遇提高到 3～5 年一遇,就能与区域除涝标准 20～30 年一遇相衔接。

当然,这并不是说所有雨水系统的排水标准只要 3～5 年一遇就够了,对于一些商业街、交通枢纽、会展中心等重要区域,应当根据《室外排水设计规范》取更高的排水标准来减少特殊暴雨带来的积水风险。但是,值得注意的是,设计径流系数是影响雨水管道和雨水泵站规模的重要参数。即使排水标准重现期提高到 10 年一遇,1 小时雨量达 67 mm,如果径流系数按海绵城市的 0.5 设计,1 小时可排除的净雨约为 33.5 mm,其排水能力比按 5 年一遇、径流系数 0.65 设计的普通雨水系统 1 小时排除净雨 37.7 mm 还要低。因此,建议对高标准雨水排水系统要考虑连续暴雨的积水风险,即使实施海绵城市建设相关措施,在设计管道和泵站时,径流系数不宜低于一般城镇建筑密集区的综合径流系数。

表 9.1-2　年最大 24 小时雨量标准与年最大 1 小时雨量的相融关系

暴雨标准	暴雨重现期(a)			
区域除涝标准(24 h)	100	50	20	10
城镇排水标准(1 h)	10~20	5~10	3~5	2~3

《室外排水设计规范》规定:综合径流系数取值,城镇建筑密集区为 0.6~0.7,城镇建筑较密集区为 0.45~0.5,城镇建筑稀疏区为 0.2~0.45;综合径流系数高于 0.7 的地区应采用渗透、调蓄等措施。上海主城区及新城的雨水排水标准为 5 年一遇,其他地区为 3 年一遇,因此,3~5 年一遇年最大 1 小时雨量在管道和雨水泵站设计中,至少要乘以综合径流系数 0.7,而 20 年一遇最大 24 小时面雨量中最大 1 小时雨量,除第 1 小时外,在除涝计算中几乎全部产流,因此,不应当将 3~5 年一遇年最大 1 小时雨量直接移植为 20 年一遇最大 24 小时面雨量的最大 1 小时雨量,否则,会造成除涝泵站的过度投资和浪费。

9.2　上海市洪涝灾害治理的对策

上海市属平原感潮河网地区,地势低平,防御洪潮灾害是第一位的,只有在防洪潮安全得到保障的基础上,才可能开展涝灾治理。从近 40 多年的防灾实践来看,上海的防洪防潮工程体系已经比较完善,洪潮灾害得到有效控制,虽然还存在风险隐患,但实际发生的洪潮灾害比较少;而上海的除涝工程实施难度大,至今尚未达到 20 年一遇标准,且雨情、水情十分复杂,涝灾还时有发生,因此,需要充分遵循上海的自然地理特点、气象水文特征,从更长远的角度提出宏观对策措施,打造人水和谐的现代化国际大都市。

9.2.1　健全外挡内控、洪涝兼顾的骨干工程体系

上海是平原感潮河网地区,洪涝关系十分密切,长期的治水实践经验表明,"洪涝分治、综合治理"策略是有效的,落实"外挡内控、洪涝兼顾"措施是关键。随着经济实力和技术水平提高,以及黄浦江岸线功能的调整,"外挡"的战线应当进一步缩短——要加快黄浦江河口建闸,挡住潮水长驱直入,以黄浦江水闸+千里海塘共同承担浦东浦西区的防潮任务,降低千里江堤洪潮风险。"内控"则需加强水利片内部涝灾的治理——加快骨干水利工程实施、解决好水利片内部的洪涝转换问题。"洪涝兼顾"则需要发挥黄浦江河口水闸对洪涝风险控制的双重作用——在降低洪潮风险的同时,降低涝水与洪潮遭遇的风险。

1. 加快推进黄浦江河口水闸建设,减少"三碰头""四碰头"风险

上海在遭遇台风、暴雨、高潮、洪水"三碰头""四碰头"时,最容易发生严重的洪涝灾害。在黄浦江河口建闸,阻挡外潮入侵,可以减少"三碰头""四碰头"的概率,不仅提高了黄浦江及上游地区的防洪防潮能力,解决黄浦江上游水位不断创新高与堤防再次加高加固有困难之间的矛盾,还降低了浦东浦西区域11 个水利片外围黄浦江及上游支流承泄区水位,延长排涝时间,提高排涝效率,大幅度减轻除涝压力。

从除涝的角度分析,目前水利片外围的高水位和低水位,只要高于河网水位,对区域排涝都有影响。《上海市防洪除涝规划(2020—2035 年)》选用上海市《治涝标准》(DB31/T 1121—2018)中的"63·9"典型年,虽然雨峰遇到潮峰顶托,但"63·9"暴雨为台风倒槽暴雨,上海的风力不大,典型年相应的吴淞口最高潮位仅 3.8 m,米市渡最高水位仅 3.28 m,都比较低。近 30 年来,几次大的台风暴雨最高潮位都比较高,"麦莎"台风期间米市渡最高水位达 4.38 m,对排涝更不利。如果选用"麦莎"典型年进行除涝计算,水闸排涝受到高潮顶托时间更长,扩大水闸规模难以发挥作用,同样河网规模及控制条件下,要达到"麦莎"典型年的 20 年一遇除涝标准,外围泵站流量要增加到 5 000 多 m³/s,可见风暴潮"三碰头"对除涝的影响之大。如果黄浦江河口建闸,即可消除风暴潮"三碰头"影响,并可以改善苏州河的外排条件,对除涝的作用十分显著,应当加快建设。

黄浦江河口建闸对防洪防潮作用有专门的论证,但对水闸除涝功能发挥的影响却少有论述,这里从定性角度描述其除涝功能。首先,在遇到特大风暴潮时,水闸每天启闭两次,将黄浦江干流有进有出的往复流,变成只出不进的

单向流;按照吴淞口平均每潮进潮量约 5 800 万 m^3、最大进潮量 12 510 万 m^3 计算,吴淞口每天可减少 1.16 亿~2.5 亿 m^3 进潮量,也就等于黄浦江每天可多净排 1.16 亿~2.5 亿 m^3 涝水;如果连续操作两天,至少可多净排 2.3 亿~5 亿 m^3 水量,这个量是十分可观的。其次,在没有进潮的情况下,黄浦江水位较低,各水利片开闸预降更加容易,且没有潮水顶托,排涝时间更长,排涝效果更好。所以,黄浦江河口建闸不仅可以挡潮防洪,最大程度减少风暴潮增水带来的不利影响,减轻市区防汛墙的防洪风险和压力,而且可以减少黄浦江的进潮量,降低黄浦江水位,消除涨潮引起的黄浦江及其他片外河道水位大幅度上升影响,使黄浦江更好地为本市浦东区、浦西区及太湖流域的杭嘉湖区、阳澄淀泖区除涝服务。

2. 加快推进骨干河网和外围泵闸建设,提高防洪除涝能力

本市所属的平原感潮河网地区,不仅地面平坦、地势低洼,而且河道底坡也十分平坦。由于没有纵坡产生的重力作用,河道的排水只能依赖下游水位退潮所形成的水面坡降。本市的河道,除沿江沿海口门附近的水面落差较大、流速较大外,一般河道水位基本平齐、流速缓慢。下游的水不排走,上游的水就下不来。流域规划中提出"洪涝兼治,涝水先行"的策略,就是遵循自然,让下游的涝水先排,腾出空间,然后帮助太湖及上游行洪的科学安排。

从灾害统计分析可以清楚地看到,在下游高潮位和上游高水位综合作用下,暴雨期间外河水位很高,涝水很难通过水闸顺畅排出,本市除涝的策略"以蓄为主、蓄以待排"是正确的。河网水系的调蓄能力对区域除涝最为重要,排的能力虽然也很重要,但与河网调蓄能力相比有很大地域局限性、工况局限性。河网调蓄能力可应对从小雨到大暴雨,从短历时暴雨到长历时暴雨,从小范围暴雨到大范围暴雨的不同风险,同一水利片中降雨区域不同的暴雨也能通过河网的调节应对,其适应性最强,因此,河网水系是除涝的基础,是治理重点。

根据《上海市骨干河湖布局规划》和各区防洪除涝规划,全市规划骨干河湖 226 条,其中主干河 69 条,主干湖泊 2 个,次干河道 155 条。这些骨干河道中还有尚未按规划开挖的河道、尚未打通的断点、尚未拓宽的瓶颈,外围水闸泵站也尚未达到规划规模,这对整体除涝能力提升是十分不利的。市、区两级政府部门需要尽快根据相关水利专业规划,以及《国家水网建设规划纲要》《关于加快推进省级水网建设的指导意见》要求,抓住机遇,加大骨干工程投入和土地指标的政策支持,开挖、拓宽、沟通骨干河道,加快外围泵闸建设,尽早形成与国家水网相衔接的省级水网,充分发挥骨干河网的蓄排水作用。尤其是

连通长江口、杭州湾、黄浦江的骨干河道,以及水面率低、河道稀少区域的骨干河道要优先建设。

近十多年来,黄浦江水系在暴雨期间的低水位和高水位较"63·9"典型年的潮位大幅度抬高,沿黄浦江口门的排水条件变差,台风暴雨期间甚至根本无法向黄浦江排水。基于这种状况,有必要考虑长江口、杭州湾的排水口门多承担排涝任务,以应对比规划"63·9"典型年更不利的潮位边界条件。我们可以利用地方标准所列的"菲特"典型年,来复核论证水闸规模。在投资、用地变化不大的情况下,尽可能扩大出海口门段河道规模,扩大河道输水能力,并适当扩大水闸规模,充分发挥水闸落潮过程的排水能力,有效应对治江沿海水利片不同工况条件下的除涝风险,并尽量减少高耗能的泵站使用频率,为绿色、低碳发展做贡献。

3. 加快杨树浦港等河道风险处置,解决市政雨水泵站暴雨停机问题

沪汛办〔2006〕21 号发布的杨树浦港等四条内河沿线泵站应急调度预案规定,杨树浦港、虹口港、彭越浦、新泾港的河道水位超过 4.0~4.2 m 时,沿线雨水泵站部分停止运行或全部停止运行,主要为了避免再次发生类似 9711 号台风期间,杨树浦港内河防汛墙决口、街坊受淹所带来的严重灾害。但这种应急方式也不可避免地增加了因雨水无法外排而造成的受淹风险,只是淹没的速度没有洪水决口那样快速、淹没的地区没有洪水决口那样集中而已。从 2000 年"8·18"暴雨、2001 年"01·8"连续暴雨、2005 年"麦莎"台风暴雨、2012 年"海葵"台风暴雨等多次雨水泵站停止运行的情况看,这种影响还是比较频繁的。目前,中心城区的雨水系统排水标准还要从 1 年一遇提高到 5 年一遇,因此,建议杨浦、虹口、静安、普陀等相关区域的职能部门要排查原因、合力处置,提高内河防汛墙抗风险能力,使之能完全经受规划高水位的压力,全面解决市政雨水泵站暴雨停机问题。

9.2.2　健全流域、区域、圩区协同的调控体系

上海是太湖流域的一部分,黄浦江是流域和区域重要行洪排涝通道。根据太湖流域防洪规划,太湖泄洪是考虑下游防洪安全为前提的,目前流域通道内的高水位和低水位均趋势性抬升,既不利于防洪,又不利于除涝,甚至可能进入洪涝水相互转换、相互影响的恶性循环。要遏制这个趋势,就必须研究建立从流域到区域的排水制度安排,加强流域与区域的协同控制,处理好流域性风险与区域性风险的关系。同理,在水利片内部,也要处理好圩区与水利片的关系。

1. 加强流域与区域的协同控制,降低整体涝灾风险

本市水利分片综合治理是根据上海滨江临海、地势低洼的自然特点,确立的"分片控制,洪、潮、涝、渍、旱、盐、污综合治理"总体策略。流域与区域,水利片与水利片之间不是相互割裂的独立存在,要限制涝水过度强排,减少城市化开发对自身排水和周边排水的影响,减少连片开发、持续开发对区域产生涝灾叠加影响,加强流域与区域的协同控制,加强水利片之间的协作调度。

我们要特别关注流域水位趋势性抬升、区域因洪致涝等突出问题。1988年以前,黄浦江上游米市渡站 3.8 m 的最高水位记录维持了 72 年之久,随着太湖流域、区域及城市防洪除涝工程的建设完善,涝水归槽,流域行洪排涝通道的汛期水位升高明显。1991 年太湖洪水期间,太浦河、红旗塘炸开的情况下,当年三和、枫围两站的高潮位抬高 9~26 cm,低潮位抬高 17~29 cm,米市渡创 3.85 m 新纪录,现在流域通道的水位抬高幅度更加明显,这不仅增加了长三角一体化区域的洪涝风险,也不利于太湖的泄洪,因此,要争取出台相关排水制度安排,流域与区域协同控制太浦河、吴淞江两岸的泵站强排工程,增加南排杭州湾工程、北排长江工程,遏制流域泄洪通道内高水位、低水位同步大幅度抬升趋势,减轻黄浦江的泄洪压力,降低长三角一体化区域的洪涝风险。

本市除涝规划确定了 20~30 年一遇 24 小时面雨量及"63·9"雨型和潮型作为除涝标准,但是实际遭遇的暴雨范围是变化的、多样的。因此,建议加强水利片一体化调度,理顺局部安全与整体安全的关系,并根据暴雨范围、暴雨历时、暴雨强度不同特点,以及各水利片、圩区水情动态,精准调度,促进雨前预降、雨中泵站调控、雨后水位恢复的有序开展,扩大河网水系应对复杂雨情、水情能力,降低整体涝灾风险。

2. 加强圩区强排管控,遏制除涝风险转移

现状不少圩区是在缺少规划论证的情况下建设的,布局混乱,有的还建起三级圩区甚至四级圩区,重复排水现象突出,这与当前低碳高效的绿色发展理念相悖。当圩区可以通过泵站强排解决问题时,往往忽略圩区与周边的关系、圩区与水利片的关系,导致圩区水面率过低、控制水位过低,大量圩区的除涝压力向圩外转移。因此,在大控制片外围工程及片内骨干河道工程逐渐实施到位的情况下,需要根据防洪除涝的新形势、新要求,重新梳理圩区规划布局和规模,规范圩区的建设、维护、管理和运行调度,协调好圩区与水利片之间的关系、水利片与水利片之间的关系,提高西部低洼区域整体抗风险能力。

一般低洼地区原来是频繁受淹的天然临时蓄水之处。要加以开发利用,

有两种办法：一是填高地面高程。把低洼地中相对较低的地块疏深，填高相对较高地块。所填高部分的土地应对洪涝灾害能力增强了，就可以利用。这种办法虽然建设成本高，但是运行成本低，对周边影响较小。二是降低河道水位。在圩区外围建泵闸控制工程，形成一个小包围，再通过泵站的强排，降低圩区内的水位。这种办法的土地利用率较高，是目前最普遍的做法，但其本质是除涝风险的转移，对周边地区有影响，风险累积到一定程度会增加区域整体的除涝风险。因此，建议从以下几方面严格管控圩区强排。

（1）严格圩区建圩条件。在各个层级的规划中应当贯彻：水利片内最高控制水位低于地面高程的区域，原则上不建圩；区域过小，原则上不建圩；区域内河道过少，只有一两条河道甚至只有断头浜的区域，原则上不建圩；一般只设圩区和水利片两级排水，原则上不建"圩中圩"。特别要科学确定圩区的保护范围，制止田块沟系中建泵强排，以及建设其他奇形怪状的所谓"圩区"，不合规的"圩区"要清退、调整或优化，并停止对不合规"圩区"的泵站运行补贴。

（2）加强圩区水面率控制。水面率在区域除涝中发挥着至关重要的作用，但有些圩区不重视水面率的保护和控制，使圩区的泵排能力超配，圩区总泵排能力已经远超水利片外围泵闸排水能力。局部风险看似减少了，整体的风险却大大增加，因此，圩区除涝要"多留河、少配泵"，严格控制和保护圩区水面率。低洼圩区泵闸工程建设必须配合圩区内中小河道整治同步实施，使低洼圩区"治一片，成一片"，同时，要避免河道蓄水、输水能力不足，而影响泵站功能的发挥。

（3）加强圩区强排的管理。2021 年"烟花"台风暴雨期间，圩区内的水位排得很低，区域日雨量并不大，水利片的水位却达到历史最高记录，片内没有建圩、地势较高的区域受淹。造成无序强排的原因在于各乡镇圩区运行管理各自为政。因此，必须优化体制与机制，增设圩区水位监测站，加强圩区的水位实时监测和统一调度管理，以化解圩区与非圩区之间，圩区与水利片之间的排水矛盾，降低无序强排产生的意外风险。

3. 加强下立交等风险防范，提高应对超标暴雨的能力

下立交是容易出现局部淹没的特殊构筑物，虽然不属于区域除涝所关注的典型涝灾，但实际运行中，由于河水漫溢、地面漫流增加等影响，汇流范围超过设计标准，风险就随之增加；与下立交相似的一种情形是高架，当高架的雨水来不及通过设计的排水系统排走时，会通过坡面远距离漫流到附近的区域，造成相关雨水系统超载而受淹。这两种风险的防范，要关注不同强度、不同历时暴雨下集雨范围变化，增加安全系数；增加河网水系及泵闸工程的蓄排能

力,将最高水位控制在安全区间,减少漫溢;抬高排水泵站的设计地面高程,减少泵站淹没风险。

9.2.3 健全生态、绿色、智慧的多功能水网体系

党的十八大把生态文明建设纳入中国特色社会主义事业"五位一体"总体布局,党的十八届五中全会确立了"创新、协调、绿色、开放、共享"的新发展理念,数字中国建设是党中央作出的又一项重大布局规划,是数字时代推进中国式现代化的重要引擎。河网系统作为城市的重要基础设施,也必定要在新时代高质量发展中不断创新,铸造新的辉煌。上海是拥有2400万人口的超大城市,土地资源十分紧张,用地矛盾十分突出,已经填埋的河道难以恢复,面对全球气候变化和环境资源约束带来的发展瓶颈,我们需要有新的思路来增加城市水安全韧性、提高水生态质量,需要用新的技术手段来加强调度与管理,最终实现以防洪除涝安全来保障经济发展和社会稳定。

1. 研究水绿融合实施机制,增强滨水空间的功能复合

暴雨的历时、雨强、雨型、雨量、范围是千变万化的,除涝标准中推荐的典型年不可能采用最极端的情况,规划选择除涝标准也必须考虑经济社会发展状况等综合因素,大量开挖河道、设置泵站,还涉及土地问题、风险转移问题,因此,我们在城市建设管理中还需要充分认识到本市安全韧性不足问题,并采取水绿融合、功能复合的各种措施,增强河网的有效调蓄能力,增强自然应对复杂暴雨的能力,切实提高上海的防灾减灾能力。

除中心城区外,上海的河道仍然十分密集,大量中小河道没有防洪功能要求,我们要研究相关政策机制,尽量将绿化用地向河道两侧集中,通过水绿融合、功能复合,打造"更自然、更生态、更绿色、更安全、更美丽"的高品质开放空间。一方面可以降低岸域竖向高程,平时为绿、灾时为水,充分挖掘滨水空间在城市减灾中的潜力和作用,增强水网应对超标暴雨的调蓄能力,增强城市安全韧性;二方面可以通过水绿一体化规划、设计和建设,从水到岸到陆,形成连续、多样、稳定的水陆生态系统,提高滨水空间的生态质量;三方面增加滨水空间综合功能,打造更多集游憩、休闲、文体功能于一体的高品质亲水性公共空间,提高百姓的获得感、幸福感。

2. 研究全生命周期管理模式,促进水灾治理体系和治理能力现代化

管理的概念与范畴是非常广的,既有规划的管理、建设的管理、运行的管理、设施的管理,还有人才队伍、技术标准、制度规范的管理,等等。洪涝灾害风险防控离不开管理,特别是针对洪涝灾害风险关键影响因子和调研中反映

的问题,要借鉴国内外先进管理经验,对规划、审批、设计、咨询、施工、验收、运行、维护、评估、监管等实施全过程精准管理。一方面要加强技术标准体系建设、管理规程体系建设和复合型人才队伍建设,建立规建管一体化的水利设施地理信息系统、综合管理共享平台,以及问题报送机制、评估排查机制、协调处理机制、责任追究机制、整改反馈机制、系统动态更新机制、人才培养和流动机制,提高管理效能和精准管理水平。另一方面要搭建全过程、全方位的公众参与平台,形成贯穿规划编制、实施、监督、后评估全过程的公众参与机制,主动接受社会和公众监督,引导公众积极为水务改革发展建言献策,确保除涝规划落地和除涝目标实现。

3. 研究上海市数字孪生河网建设,提升智能化治理水平

当前,以互联网、物联网、大数据、云计算、人工智能为代表的新兴技术迅猛发展,为提升城市运行效率,创新社会治理模式,提高城市管理和服务的科学化、精准化、智能化水平提供了重要的技术支持。目前,我国正处于数字化转型关键期,水利部发布了《关于大力推进智慧水利建设的指导意见》,要求"以数字化、网络化、智能化为主线,以数字化场景、智慧化模拟、精准化决策为路径,以构建数字孪生流域为核心,全面推进算据、算法、算力建设,加快构建具有预报、预警、预演、预案(以下简称'四预')功能的智慧水利体系,为新阶段水利高质量发展提供有力支撑和强力驱动"。

研究全市数字孪生河网建设,提升智能化治理水平,是本市涝灾治理体系和治理能力现代化的关键措施之一,我们必须从几个方面下真功夫:(1)建立一体化的智能监测和感知系统。按照智慧城市的要求,建立空、天、地一体化的立体观测网、实时监测网、智能感知网,形成全覆盖、全天候、全要素的智能监测和感知体系,为涝灾防控和应急救援装上火眼金睛。(2)建立标准化的数据集成系统。加强基础设施的智能化改造,以及水下地形数据和设施运行数据的汇集,建立数据标准,将地理空间数据、工程设施基础数据、实时监测数据、业务管理数据、气象水文数据集成起来,形成可持续更新的数据库,夯实数据底座,为模型计算、大数据分析、人工智能决策提供数据食粮。(3)开发河网与管网融合的模型平台。深入研究河网模型和雨水管网模型的深度融合,将模型技术从规划设计阶段延伸到实时管理阶段,形成可持续迭代、实时在线的模拟平台,为实现"四预"功能提供强大武器。(4)构建虚拟与实体并行的数字孪生水网。在夯实数字底座、提升算力算法,丰富预案库、知识库、案例库,完善数学模型平台的基础上,建立虚拟与实体并行的数字孪生水网,形成具有江南水乡特色、体现先进技术水平,集聚智能管理、辅助决策、应急指挥等

多功能的智慧水网。为孪生数据比对,及时发现问题、快速解决问题提供准确导向。(5)深化完善防汛应急管理体系。在现有防汛应急管理的基础上,通过数字孪生河网的智能化应用,提升防汛应急管理能力,保护人民生命财产安全,减少洪涝灾害损失。

参考文献

［1］上海市水务规划设计研究院.上海市区域除涝能力调查评估专项报告［R］.2013.

［2］上海市水务规划设计研究院,上海市水文总站,河海大学,上海市气候中心.区域除涝与城镇排水标准模式和综合调度研究［R］.2014.

［3］贾卫红,李琼芳.上海市排水标准与除涝标准衔接研究［J］.中国给水排水,2015,31(15):122-126.

［4］上海市水务规划设计研究院,上海市水文总站,上海市气候中心.上海市治涝标准专题研究［R］.2016.

［5］贾卫红,徐卫忠,李琼芳,等.基于暴雨衰减特性的上海市长历时综合暴雨公式［J］.水科学进展,2021,32(2):211-217.

［6］上海市水务规划设计研究院.上海市海塘规划（2011—2020 年）［R］.2011.

［7］上海市水务规划设计研究院.上海市防洪除涝规划（2020—2035 年）［R］.2022.

［8］上海市水务规划设计研究院.上海市水旱灾害风险普查总报告［R］.2023.

［9］《上海水利志》编纂委员会.上海水利志［M］.上海:上海社会科学院出版社,1997.

［10］袁志伦.上海水旱灾害［M］.南京:河海大学出版社,1999.

［11］上海市防汛指挥部办公室.上海市防汛工作手册［M］.上海:上海科学普及出版社,2008.

［12］刘克强,蔡文婷.太湖流域圩区治理现状调查与思考［J］.中国防汛抗旱,2023,33(8):19-22+28.